一
步
万
里
阔

谷物江湖

Natalie Rachel
Morris

Beans

A GLOBAL HISTORY

[美] 娜塔莉·雷切尔·莫里斯———— 著

萧潇————译

中国工人出版社

图书在版编目（CIP）数据

谷物江湖：豆子小史 /（美）娜塔莉·雷切尔·莫里斯著；萧潇译 .—
北京：中国工人出版社，2023.6
书名原文：Beans: A Global History
ISBN 978-7-5008-8057-8

Ⅰ . ①谷… Ⅱ . ①娜… ②萧… Ⅲ . ①豆制食品—历史—世界
Ⅳ . ①TS214

中国国家版本馆 CIP 数据核字（2023）第 091716 号

著作权合同登记号：图字 01-2023-0466

Beans: A Global History by Natalie Rachel Morris was first published by Reaktion
Books, London, UK, 2020, in the Edible series.
Copyright © Natalie Rachel Morris 2020.
Rights arranged through CA–Link International LLC.

谷物江湖：豆子小史

出 版 人	董　宽	
责任编辑	邢　璐	
责任校对	张　彦	
责任印制	黄　丽	
出版发行	中国工人出版社	
地　　址	北京市东城区鼓楼外大街 45 号　邮编：100120	
网　　址	http://www.wp-china.com	
电　　话	（010）62005043（总编室）（010）62005039（印制管理中心）	
	（010）62001780（万川文化项目组）	
发行热线	（010）82029051　62383056	
经　　销	各地书店	
印　　刷	北京盛通印刷股份有限公司	
开　　本	880 毫米 × 1230 毫米　1/32	
印　　张	6.25	
字　　数	80 千字	
版　　次	2023 年 7 月第 1 版　2023 年 11 月第 2 次印刷	
定　　价	58.00 元	

本书如有破损、缺页、装订错误，请与本社印制管理中心联系更换
版权所有　侵权必究

谨以此书献给我生命中的女性：
致养育之恩，致教诲之助，致支持之谊；
彼此成就今日的我们。

目 录

前　言

　　豆类的故事就是一部弱者挣扎的绵长历史。在人类尚不知用火、不懂烹饪的久远年代，靠捕猎采集为生的远古人类把豆类当作自带甜香、口感酥脆的点心，口腹都得到了满足。远古人类的生活简简单单、满是艰辛，大家彼此扶持，生存是第一要务。

　　世界脚步不停，社会结构日趋复杂，等级制度逐渐建立，社会阶层分化成型。小扁豆、蚕豆、鹰嘴豆是现存最古老的几种豆子，也是最早一批带上社会性色彩的食物。随着厨具进入人类生活，有钱人不再食用豆类，转而投入肉类的怀抱；豆类沦落为穷人的食物。罗马帝国时期（前27—395），小扁豆充当了现今包装用填充物的角色，一路保护方尖碑从埃及长途跋涉到梵蒂冈，免受磕碰。

市场上五颜六色的豆子。

谷物江湖
豆子小史

豆类不仅有肉类这样的"对手"，还被视为某种禁忌。像素食主义者、几何学家毕达哥拉斯这样的早期思想大家，就毫不掩饰地对豆类敬而远之。据说，他曾在豆田中遇险，之后就禁止教众吃豆子（或者进入豆田）。《圣经》里也讲道，以扫为了一碗小扁豆，把自己的长子名分出卖给孪生兄弟雅各，引发了一场家庭大战。豆类曾被视为难消化之物，还背上了"抑制性冲动""引起麻风病"等恶名。另外，不要忘记，"消化气"就是早先对肠胃气胀的委婉说法，长久以来让豆类蒙羞。

　　现在，尽管科学已经基本修正了有关豆类的种种流言蜚语，但豆类作为全球性主食，仍然默默无闻，只是被塞进墨西哥卷饼或是在炖菜中做一个安静的"配角"。在往美国"国民"白面包上涂抹"国民"花生酱的时候，大部分人不会想到这种颗粒质感或是柔滑质地的酱料，其实来自一种豆类植物。大部分豆类的价值都未被正视。豆类不仅为人类日常饮食增加了21世

源自意大利的豆子。

纪最受青睐的蛋白质，还提供了大量纤维和碳水化合物，却没有肉类里的胆固醇和脂肪热量。

不过，氮或许才是豆类这匹"黑马"对全人类最伟大的贡献。作为覆盖作物的豆类植物是天然氮源；普遍认为，人类从组织耕作出现时，就开始种植豆类，用以滋养土壤。然而豆类植物近年来却被"请出了"耕作和农业领域。第二次世界大战后，豆类作物遭到广泛清除，人类社会这才开始明了豆类作物的最重要作用何在。

谦卑低调的豆类被各种前后矛盾、不足为信、甚至胡言乱语的营养数据和推荐菜谱裹挟，沿着历史一路走来。尽管"真我"一直遭遇误解，豆类还是甩掉一身污名，爆冷荣登史上最重要食物来源之位。

密歇根州萨吉诺河谷的霓虹灯"豆豆兔"是美国最大的霓虹灯标志牌。"豆豆兔"霓虹灯牌始建于1948年,用于推广代表当地出产豆类的毛绒玩具兔。

谷物江湖
豆子小史

Beans
A GLOBAL HISTORY

1

豆子植物学

探讨豆子之前，先来了解一下各种豆子所属的豆科植物。所有的豆类都是豆科植物，但不是所有的豆科植物都是豆类。豆科包含至少1.7万种植物[1]，是最大的科属之一，既有菜豆、豌豆和小扁豆等各类蔬菜，也有车轴草这样的饲料作物，还包括野豌豆一类的杂草。豆科的英文是"Leguminosae"，现在一般用"Fabaceae"一词指代。豆科植物的共同特点是都有荚果。

　　英文的豆类植物一词"legume"据说源自拉丁语单词"*leger*"，意为"聚集"，表示一个荚果中可以结出多颗种子。单个荚果中的每一粒种子都包含一个大胚和一个小胚乳。豆科植物的种子可以是菜豆、豌豆或者小扁豆中的任何一种，既能食用，也能播种。

　　菜豆、豌豆、小扁豆可能都叫"豆"，叫法完全取决于你生活在世界的哪个角落。大部分地区可能都是一言以蔽之，但在有些地方，每种菜豆、豌豆、小扁豆都各有其名。本书专门讨论菜豆，但是一定免不了广泛涉及菜豆的姐妹植物，如豌豆、小扁豆和其他"不知名"豆。

张冠李戴

鲜豆角、干豆角、豆子罐头。干豆子、落花生。车轴草、苜蓿、香草、胡芦巴。"以豆之名"的植物不一而足，很多都是张冠李戴。到底哪些植物应该归入本书？

古英语中的菜豆一词"bean"源自原始日耳曼语单词"*bauno*"，和拉丁语中的"*faba*"一词有关。人类自有信史开始，就已经把尚未成熟的新鲜（或说是嫩绿）豆角纳入食谱；现在多用来制作豆子罐头或是晒成干豆子。"绿豆角"这个名字，不仅颜色一目了然，更是有鲜嫩欲滴之感。因为品种不同,鲜豆角不尽然是绿色,但通常会新鲜爽脆。一般会剥掉豆荚,仅取豆子食用;但尚未成熟的豆荚,脆脆嫩嫩,也不妨连荚带豆统统笑纳。干豆子特指干燥之后的豆类,豆子罐头在19世纪末面世。

菜豆属,学名"*Phaseolus*",源自美洲,是豆科家族的一大成员,包括斑豆、海军豆、芸豆、黑豆等四种最常用豆类。或许正是因为这几种在营养大众营销中屡被提及、既可作配菜又可当馅料的豆子,学名"*Phaseolus vulgaris*"的四季豆又被称为"普通豆"。尽管如此,菜豆家族也有不少成员色彩斑斓、斑斑点点、凹凸有致、独具"灵眼",意义非凡。这些豆子通常称为"传家宝豆"(heirloom bean),属蔓生菜豆或矮菜豆,种类繁多,有乌黑如墨的龟豆、粉红斑点的蔓越莓豆(也叫博洛蒂豆)、软嫩小巧的法国小白豆,还有几近正圆、黑色与珍珠白相映成趣的阴阳豆。

花生，豆科植物。

谷物江湖
豆子小史

20世纪末，美国加利福尼亚大学洛杉矶分校（UCLA）的研究人员在美国西南部的阿纳萨齐人（Anasazi）部落遗址中发现了豆类遗物，将其命名为"阿纳萨齐豆"。红白相间的豆子在松脂封口的陶罐中自然保存，穿越了数千年时光。UCLA的科学家使用碳定年法，确认这些豆子来自公元前500年，同时从中拣选培育胚芽，供保护之用。目前，阿纳萨齐豆主要在美国亚利桑那州种植，是砖磨坊公司（Adobe Milling）的注册商标，并成功融入市场。尽管如此，阿纳萨齐人的直系后裔霍皮人仍把阿纳萨齐豆当作每日口粮，在豆舞"波瓦穆亚"（Powamuya）中使用阿纳萨齐豆作为标志性符号。

　　"食人魔"汉尼拔·莱克特（Hannibal Lecter）或许更爱蚕豆，但迦太基统帅汉尼拔很可能在罗马共和国的土地上尝到了世所稀有的菜豆品种。在当年汉尼拔率军占领的托斯卡纳地区，当地特有的稀有豆种法吉奥利纳（fagiolina）仍有种植。熟悉意大利非营利组织国际慢食协会的人，可能对佐尔菲诺豆（zolfino）也不会陌生。慢食协会旗下的"味道方舟"（Ark of Taste）项目通过教育宣传，编目、保护稀有濒危的食物。产自普拉托马诺的佐尔菲诺豆口感丝滑，一度濒临灭绝；在"味道方舟"项目的支持下，意大利人和纯粹慢食派至少已经广泛种植、售卖、食用这种黄色豆子。拉蒙（lamon）、索拉纳（sorana）等意大利本土豆类，尽管没有被纳入"味道方舟"食物名录，却也受益于意大利本国的保护计划。该计划不仅推广本土豆类，还会在原产地举办豆子节。

豆子节在法国同样算不得新鲜事。法国人也很珍视祖籍美洲的各种传家宝豆，把其中一些品种纳入国家保护计划，使用法国红标（Label Rouge）作为质量控制和官方认证标志。法国小白豆通常点缀在羊腿旁边；但是讲究正宗什锦砂锅的人，一定会用塔布白豆（haricot tarbais）。比利牛斯山脚下出产的塔布白豆品质最佳。据传，卡特琳·德·美第奇（Catherine

绿色四季豆和黄荚四季豆。

de'Medici）1533年抵达马赛时，她的兄弟赠送了一袋塔布白豆作为新婚礼物。

接下来出场的两种菜豆属豆类大小相去甚远，但是各有千秋。棉豆属，学名"*Phaseolus lunatus*"，体型较大。产自秘鲁的利马豆，别称黄油豆，即棉豆的一种。尽管个头很大，此类豆子烹煮起来却并不比小豆子费时，而且质地绵软。有人觉得利马豆腥味重、有苦味，口碑不佳。但是《汤姆叔叔的小屋》的作者哈丽雅特·比彻·斯托夫人（Harriet Beecher Stowe）和姐姐凯瑟琳·E.比彻（Catherine E. Beecher）显然不属此列。这对姐妹在家务管理专著《美国女人的家》（*The American Woman's Home*）中，对利马豆赞不绝口。

棉豆属豆类都源自南美洲，相较之下，尖叶菜豆属，学名"*Phaseolus acutifolius*"，则来自中美和北美，也就是现在的美国西南部地区。小花菜豆（tepary bean）是尖叶菜豆属的主要物种，小小的身材，却蕴含

蔓越莓豆是美洲的主食之一。

大大的环境效益。小花菜豆喜干旱，需水量少，有数百种传统品种。和四季豆属品种类似，市场上的小花菜豆多为棕色或白色，但其实小花菜豆花色繁多。

荷包豆属，学名"*Phaseolus coccineus*"，也许是最让人着迷的一类，或是沿着人工棚架攀爬蜿蜒，或是在野外自由生长，无一例外都是藤蔓婀娜，豆荚和花朵五彩缤纷。红花菜豆是广受喜爱的一种荷包豆，得名于豆荚上超乎想象的各种粉色调，姹紫嫣红。乳白色的"皇家花冠"豆（Royal Corona），在体形上冠绝同类，由此得名；不过，也是因为块头太大，会被错认成棉豆的一种。"皇家花冠"豆差不多是利马豆的两倍大小，煮熟之后会变得更大。这种原产自中美洲的大白豆能够广受喜爱，全要归功于"豆之王者"史蒂夫·桑多（Steve Sando）的不懈努力。

豆科大家族中还有不少品种也是各地厨师的"心头好"。花生在世界各地广受喜爱，有咸味花生小零食、带壳煮花生、花生酱，还有非洲名菜花生炖。西亚香料胡芦巴全身都是宝,赋予菜肴独一无二的味道。

可以当作反刍动物饲料或用来投喂其他动物的地被植物,虽然不是豆科家族成员,但具有类似的植物学特征,也属于豆类植物。苜蓿和车轴草长有大部分豆类植物都有的独特根瘤,可以吸收空气中的氮,转化为自身生长所需的氮化物,同时能够改善土壤情况,净化空气。

香草豆尽管名字中有个"豆"字,却属于兰科。盐角草自带咸味、汁水丰富,在20世纪90年代曾经短暂当红,在美食界被称为"海豆子"。但盐角草不是豆类植物,"海豆子"自然名不副实。

种豆得豆

菜豆植物就是为了种植或食用而生。大部分菜豆是雌雄同体,同一朵花上既有雌蕊也有雄蕊,可以自花传粉,无须借助他株花粉即可自我再生。豆果身兼

园子中的架豆沿着玉米秆攀缘。

二职，既能满足人类口腹，又能保存起来再次播种。菜豆植物的自我可持续性完美保护了丰富多样的传家宝品种，各地的农产品市场也因此才有了琳琅满目的豆类产品。

豆类种植主要取决于种植条件。大部分豆类喜温，有些品种耐高温。根据种植品种和气候不同，需水量差异巨大。

同时，要根据可用种植空间决定种植品种。针对不同种类，主要有三种种植方式：架豆类向上攀爬，需要支撑杆；荷包豆类的卷须很长，一般要用棚架归拢；矮菜豆类不需要额外支撑，可以独立生长。

有想法的园丁会选择经典的印第安"三姐妹"（Three Sisters）种植法，收成不只有豆子，乐趣满满、收获多多。同时种下玉米、豆类、瓜类"三姐妹"，高高的玉米秆可以为豆类"撑腰"，豆类为玉米和瓜类提供生长所需的氮，瓜类绿叶成荫，保持土地湿度和养分。

早期印第安人耕种土地，播种玉米或者豆类，1591年画作。

谷物江湖
豆子小史

种植品种和方法肯定都对种植条件有一定要求。首先要有充足的阳光。而且，大多数豆类需要定期浇水施肥，因此种植地点最好靠近水源。豆类种植土壤最佳酸碱度为6.0—6.8，测试土壤后，可以按需调节。[2]

当豆类植物绽放出美丽的花朵，说明就快可以食用了。花开过后，豆荚成熟，豆子既可以新鲜享用，也可以静待干燥，用作日后烹饪或收获种植。

如果想收获干豆子，一定要等到豆荚足够干燥才可以。这个时候，豆荚里的豆子质地紧实，恰是采摘的好时候。如果等到豆荚干燥过度、一碰就碎，就很难把豆子从豆荚中分离出来；可是如果豆荚中还有水分，又会滋生霉菌。拿上结实的大袋子，邀上一二好友，开始采摘。为了方便分离豆荚和豆子，最好选用牢固的或者编织致密的大手提袋，把袋口系紧，在坚硬表面上摔打口袋，豆子和豆荚就能"一拍两散"。

实验派园丁不妨向前美国总统托马斯·杰斐逊（Thomas Jefferson）取经。杰斐逊是18、19世纪之交

挑拣豆子。

整根豆角可以和豆子一样晾干。

穿成串晾干的豆角一般叫"皮裤"。这种晾干豆角的方法在美国
阿巴拉契亚地区最常见。

谷物江湖
豆子小史

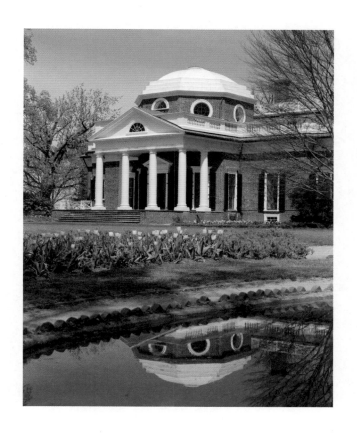

托马斯·杰斐逊故居蒙蒂塞洛庄园。

狂热的环球旅行家，旅行归来都会回到弗吉尼亚的蒙蒂塞洛庄园，研究新发现的植物和园艺方法，付诸实践。蒙蒂塞洛的菜园俯瞰葡萄园；杰斐逊沿着灌木丛种下红花菜豆和紫扁豆，为菜园增添了一抹色彩。每当花朵绽放，棚架上就会缀满深薰衣草色和白色的花朵、豆荚。[3]豆蔓差不多能爬到六米的高度，炎炎夏日，既能遮蔽骄阳，又是葡萄园的一道新风景。

　　无论是想拥有更丰富多样的菜园，还是不满足于海军豆、黑豆、斑豆、芸豆这些常见种类，愿意尝试更多豆类的味道和质地，都不妨根据颜色或者名称"按图索骥"。色彩斑斓或者花色独特的豆子（或豆种）十有八九会是传家宝品种或是自有特别之处。还可以搜索各类种子保护的网站，订购稀有品种的种子，自己种植。

紫扁豆花、香豌豆花和向日葵花束，手工上色蚀刻版画，詹姆斯·撒克勒父子雕版公司（James Thackara & Son Engravers）1814—1871年出品。

豆类的颜色、形状、大小各不相同。

谷物江湖
豆子小史

Beans
A GLOBAL HISTORY

2

豆子初长成

数千年中，人类先祖都不知烹煮为何物。据推测，人类用火也与很多发明相似，是偶然之举：尼安德特人因为一道闪电，与火相遇，不知是幸运还是不幸；也可能是在敲击石板时，擦出了第一道火花。电光石火间出现的火苗，改变了人类。有了火，人类就掌控了周遭环境；火，是保护之所，是温暖之源，是神圣之光。

　　因为火，人类饮食也变得大不同。烹煮究竟始于何时、源起如何，都尚无定论，但无论如何，火肯定起到了推动作用。在用火之前，人类已经食用新鲜的豆角，不过当时这种野生植物大概率是又老又难嚼。烹煮可以改变食物结构，味道不佳或本不可食用的食物由此进入人类的食谱。加热能够释放食物中的蛋白质和碳水化合物，熔断纤维，而且常常可以增强食物的营养价值，使可食用动植物的选择范围和种类随之扩大。由此，人类获得了对食物选择的主动权，还能保存食物，以备日后之需。[1]

　　直到公元前4000年，第一个分阶层文明——苏美尔文明崛起，烹饪才从烹煮中自成一派，而豆类也首次遭遇社会污名。苏美尔文明出现之前，旧石器时代和中石器时代的狩猎采集社会一般按性别分工，女人负责采集植物，男人负责渔猎。[2]那个时候所谓"收获"豆类和其他植物更像是现在所说的"外出觅食"。在耕种和规模农业尚未出现的时代，早期人类基本是靠天吃饭，只能找到什么吃什么，野生豆类算是常见食物。早期人类的小群落还没分化出领导阶层，也鲜有财富差距（与有食物生产的有组织文明形成鲜明对比），生存是唯一要务。研究人员普遍认为，与后来出现的苏美尔文明等等级社会相比，前述的史前群落更加和谐。

　　中石器时代之后，新石器时代和新石器革命接踵而来。新石器革命又称农业革命，是食物史上的又一转折点。考古学家认为冰川期结束后，环境自然回暖，催生了农业革命。漫长的荒芜终于结束，气候变得利于植物培育，开始出现耕种活动。然而，这一次安排有序的种植还算不得农业。晚些时候出现的农业活动规模更大，对环境的影响更大，为人类提供了衣食所需。

放眼欧洲，动植物驯化在不断试错中有序推进。大大小小的人类社群不用再逐水草而居，而是学习做生存环境的主人，让环境为人所用；这个过程冗长乏味，常常让人心生沮丧。普遍认为谷物是人类最早种植的作物，当然也是最早失败的尝试。人类在迁移中，不断适应新的生存环境，随之迁移的动植物亦是如此。所谓的杂草也有了价值，被收入囊中。现在常见的黑麦和燕麦起初备受轻视，好在夹杂在玉米地和豆田中的西红柿得到了救赎。

这是发现的时代，也是毁灭的时代。耕种在人类的尝试中发展、壮大，也在一点点耗尽土地。尽管多年

带有叶子、结有豆荚的豆藤, 日本绘画, 约作于1878年。

谷物江湖
豆子小史

后大规模农业造成的后果在此时已有预兆，当时的人们却并不知道频繁种植作物会耗尽土壤肥力，导致作物不生，严重损害重要的自然资源，也没有意识到耗竭地力只需数年，土地自我修复却要50年左右的时间。过度耕种、过度放牧，使得耕地变沙漠。

这个时期培育出不少现在耳熟能详的食物，首先是小麦和大麦，然后是豌豆、小扁豆和其他豆类，随后是橄榄、无花果、海枣、葡萄、石榴。谷物素来被视为新石器革命的明星。不过，豆类史学家肯·阿尔巴拉（Ken Albala）表示，豆科植物的影响力也不应小觑。

豆科植物绝对不是配角，可是从来没有获得过主角该享有的关注。豆科植物最早被发现的价值是可以促进小麦生长，后来证明对蔬菜生长也有帮助，可以为附近种植的其他作物提供天然肥料。豆科植物根系中富含根瘤菌，能吸收大气中的游离氮，滋养、修复土壤。牛羊等植食性反刍动物能以人类不吃的草料为食，产生可供利用的粪肥。健康的土壤和植物又能清洁空气，让所有生物受益。反观人类世界，谷物和豆类两相搭配，是人类饮食中的"精兵强将"。有些豆类的蛋白质含量甚至高于肉类，与谷物"协同作战"，保证饮食中的必需营养。

有了豆类的营养供给，外加对新开凿运河和灌溉系统的有效管理，食物生产过程更加高效，铺就了通往文明之路。有了这个新发现的加持，人口增长突飞猛进。阿尔巴拉认为，没有豆类，早期文明未必会出现。[3]

小扁豆是种植最广泛的氮源豆类作物，也是最早发现的豆类作物。发现于新月沃地的小扁豆是文明的支柱，能自花传粉，不挑剔天气。经年累月，野生小扁豆进化得更加结实，种皮变薄，发芽更快，也更好消化。小扁豆富含营养，可在小块土地生长，是驯化种植的完美对象，也是推动人口增长的食物来源。

和耕种一样，苏美尔文明也在新石器革命中崭露头角。生活在美索不达米亚平原两河流域、今伊拉克

准备进一步加工的小扁豆。

南部的苏美尔人组建了首个分阶层社会，小扁豆很可能就是在该地区南部完成了驯化。与之前相对平等的群落不同，苏美尔人的人口规模要大得多，形成等级结构社会。不少苏美尔人是农民，文人阶层用楔形文字记录下了当时种植的作物，包括大麦、小麦、小米等谷物，鹰嘴豆、小扁豆、菜豆等豆类，以及大蒜、葱韭、黄瓜、芥菜等其他农产品。

除了小扁豆之外，蚕豆和鹰嘴豆也源自新月沃地。普遍认为蚕豆是现存最古老的豆类，在拿撒勒发现的蚕豆遗存可追溯到公元前6500年。埃及人或许是最虔诚的蚕豆热爱者。时至今日，蚕豆仍是埃及饮食的"脊梁"，埃及国菜、传统早餐苏丹炖豆就是用蚕豆做成的。

鹰嘴豆也叫埃及豆，另有一种英文叫法"garbanzo"来自西班牙语，但这种豆子却是源自土耳其和叙利亚一带，后来才渐行渐远，融入希腊、意大利、西班牙文化当中。英文单词"hummus"意为"鹰嘴豆泥"。

鹰嘴豆也是最早发现的一种豆子, 至今仍是主要食材。

不过，在阿拉伯语中，"*hummus*"仅指做成这一碗美味蘸酱的原料本尊——鹰嘴豆，"鹰嘴豆泥"则称为"*hummus bi tahini*"。

然而，随着阶层在苏美尔社会成形，豆类背负上了至今在西方社会仍未能洗脱的污名。有钱人更爱肉类，也确有实力承担肉类的开销；于是，豆子第一个被踢出了有钱人的菜谱，而与穷人连在了一起。

冰川期结束，北半球水体枯竭，亚洲和阿拉斯加间的广阔洋面沧海变桑田。研究人员认为这一变化打开了向东迁移的通道，人类由此迁移到日后的北美洲，再南下南美洲，也带去了饮食之道和已有知识。养殖方法、饮食模式、新的物种到达大洋彼岸。豆类易于运输，容易成活，能适应各种气候，成为人类迁徙随身物品的首选物种。

泰国神灵洞（Spirit Cave）的考古发现显示，人类可能早在公元前9750年就已经种植了菜豆和豌豆。公元前7000年至公元前5000年，在大洋彼岸的美洲大陆上，墨西哥塔马乌利帕斯山的洞穴居民采获各种植物，其中就有野生的荷包豆。尽管尚未驯化种植豆类，但墨西哥的洞穴居民已经在尝试驯化密生西葫芦、辣椒、葫芦等植物。不远的秘鲁利马北部安卡什地区，已经种植了豆类。据推测，公元前2300年至公元前1500年，在今巴基斯坦附近的印度河流域的古城哈拉帕和摩亨佐–达罗已经驯养了家鸡，主食是加了芥子粉的小麦、大麦和紫花豌豆混合粗粉，用芝麻油烹制，加姜黄或姜提味。公元前9世纪的中亚游牧民族锡西厄人，被希波克拉底称为"心宽体胖的民族"。稳定的农业不属于漂泊的游牧民族，锡西厄人主要从牛身上获取食物，但会沿途进行贸易，常常是为了换取牲口饲料。除了鱼和日常必需食品，豆类也是优先选取的补给。公元前6世纪前后，各类油品用于烹饪、照明、制药等方面。油的种类五花八门，比如亚洲的椰子油。而豆类也跻身榨油原料之列，像是亚洲的大豆和南美洲的落花生（最早的花生）。

从旧世界到新世界

古罗马人格外钟情于豆子，尤其是蚕豆。虽然古罗马的有钱人日常餐桌上摆满了整条的全谷物面包、美酒和最喜欢的豆子，但穷人却无缘消受。穷人的烹煮条件有限，只能在有机会的时候从街头小贩那里购买食物，几把橄榄、无花果和生豆子就是一顿饭，运气好的话，会加片烤肉或是腌鱼。

当基督纪年初露曙光，罗马帝国开始衰落，古罗马人对豆子的坚定信仰岌岌可危。476年，日耳曼领袖奥多埃塞推翻罗慕路斯政权，成为入主罗马的第一位蛮族统治者。

莫迪卡糯蚕豆（Modica cottoia fava bean）是意大利菜肴中绵延的传统，显示出当代意大利人对蚕豆的"忠贞不渝"。位于西西里东南的莫迪卡是联合国教科文组织世界遗产地，从前以农业和畜牧养殖为经济支柱。曾在谷类作物田地里间种蚕豆，固氮肥田，收获的蚕豆充当牲畜饲料。莫迪卡糯蚕豆产量高，也是当地的特色菜，易于烹煮，所以名字中带有一个"糯"字。不过，随着肉类消耗不断增加，莫迪卡糯蚕豆的种植量逐渐减少。[1]

不过，也应该看到，尽管古罗马人对豆子钟爱有加，却对小扁豆心存厌恶。确切地说，对这种小小豆类的嫌恶，让古罗马人觉得这种豆子应该直接扔掉。从埃及运送梵蒂冈方尖碑时，用了大约800吨小扁豆当作包装填充物，保护方尖碑。但恰恰也是在罗马诞生了第一本烹饪书《烹饪的艺术》（De re coquinaria），

《烹饪的艺术》1709年版卷首插图。该书相传为1世纪时
罗马人阿庇修斯所著。

相传是阿庇修斯（Apicius）所著，书中竟然收录了若干小扁豆的食谱，真是令人啼笑皆非。阿庇修斯对小扁豆或许怀有秘而不宣的热爱，才收录了相关食谱，但中世纪的欧洲依然秉持对小扁豆的成见，更喜欢人和动物都能当口粮的干豌豆和干豆子。[2]

亚洲和阿拉伯世界也有乳制品，但各类豆浆和坚果汁占据了市场，时至今日仍然如此。中国人多饮豆浆，历史上只有唐朝（618—907）是个例外，当时被称为"酥"的浓缩奶油红极一时。大豆被视为"伟大的供养者"（Great Provider），滋养身心。一如印度人的饮食信仰，食物事涉身体健康，又关乎精神和心灵。用植物榨取的浆水以及豆腐这样的后续食品，不会像动物奶那样变酸，不易引发肠道不适。

1492年，哥伦布扬帆大洋；福兮祸兮，1493年，哥伦布大交换已经出现，终将成为当今世界同质化进程中最关键的一个节点。哥伦布一行人在寻找东印度的路上迷失了方向，在今巴哈马群岛中某个有人居住的小岛上开拓了殖民地，然后继续对新世界的探索。植物、动物、疾病在东西半球间互通有无，全球范围内的自然环境以及经济形势、社会风气、政治氛围都发生了剧变。[3]克里斯托弗·哥伦布（Cristoforo Colombo）出生于意大利。1492年，西班牙艰苦卓绝的收复失地运动（718—1492）终获胜利；同年，西班牙王后伊莎贝拉一世（Queen Isabella I of Castile）资助哥伦布远航，作为她帝国梦想版图上的一块，终有一日成就西班牙问鼎全球霸主。

秘鲁素来以土豆的故乡闻名于世，却也与豆子颇有渊源，而且糟糕的是，还与西班牙入侵者牵扯不清。1525年，西班牙征服者弗朗西斯科·皮萨罗（Francisco Pizarro）企图染指秘鲁。皮萨罗建立了"国王之城"（Ciudad de los Reyes），在那里安营扎寨，抵御印加人对西班牙殖民扩张的反抗。印加人不久前才有类似遭遇，惊魂未定，因此对皮萨罗一伙发起攻击，但惨遭失败。1535年，"国王之城"更名为利马，取自当地土生的利马豆，与盖丘亚土语中的"*limaq*"有关，意为"说话的人"。

从新世界横跨大西洋进入旧世界的"移民"大部分来自美洲南部，可以开出长长的一份名单，包括土豆、西红柿、玉米、牛油果、菠萝、巧克力、香草、胡椒，甚至还有金、银、橡胶、口香糖、奎宁。豆类也跻身其中，比如花生、黄油豆、利马豆、红花菜豆、白豆，等等。当然，美洲也从食物交换中获益。哥伦布把各种小麦、鹰嘴豆、甘蔗带到了加勒比地区。随着旧世界的探险家带着非洲奴隶踏上旅途，番薯和豇豆也一起抵达美洲。

旧世界对大交换中引进的食物有时无法欣然接受，用了将近300年的时间才真正接纳了从新世界远道而来的物产，但对火鸡、烟草、豆子这三种"美洲移民"的接受程度相当不错。旧世界本来已有不少豆类，对利马豆等新豆子接受起来更加容易；欧洲人对鹰嘴豆和小扁豆原就司空见惯，芸豆也有了"法国豆"这个别

大豆幼苗。

一碗原产于新世界的豆子。

称。中国人口规模庞大，欣然接受来自新世界的花生和红薯。假以时日，这两位"新世界来客"进入了中国人的主食名单，也融入了亚洲其他国家的饮食当中。

至此，世界就像一整个交换体系，各方互通有无，各取所需。哥伦布大交换打开了当今全球经济贸易市场的闸门，也逐渐模糊了仪轨、习俗、思想、语言、政治、菜谱、口味、传统知识等的文化界限。新旧世界间流动交融，彼此趋同，却也在错综复杂中相互影响，改变了生态系统，催生了新的社会建构。

有些被带到美洲的食物完美诠释了殖民者随行奴隶的饮食文化，所触发的文化交流融合，永久改变了食物所经之处的农业面貌和民族特质。花生炖即为一例。原产于南美洲的花生，随着奴隶贸易一路回到美洲，成为西非饮食传统的代言人。英国殖民者想念家乡味道，用非洲花生炖复制了让他们心心念念的印度咖喱；当然，印度咖喱也不过是一道"混血的"英国菜式。"英国版"花生炖的配料有落花生酱（也就是今天的花生酱）、棕榈油、熏鱼、山羊肉，但很快就积淀在加纳文化当中。时间流逝，英国人逐渐淡出视野，花生炖成为西非的标志性治愈美食。

吃豆子的人

一直以来，豆子和特定人群密不可分，后来干脆就成了这些人的代名词。有钱人越吃越好，但穷人能负担的食物有限，很多时候就算不靠豆子维生，至少也要把豆子当成主食之一。豆子在有的地方可以说是根深蒂固，已经常驻家家户户的餐桌。

非洲是很多菜豆品种的故乡。豇豆、木豆、扁豆原产于撒哈拉以南非洲，曾在该地区广泛被食用。与美洲印第安人常用的"三姐妹"种植法类似，非洲人把豇豆和谷类作物间种，玉米传入非洲后，也加入了间种的行列；这样，豆类植物就有了天然的豆架。一份豇豆饭，在艰难世道中代表着力量。塞内冈比亚人是最早一批被贩卖到美洲的黑人奴隶，格外看重豇豆饭。最初的豇豆饭配料中没有肉类，称为"*thiebou niebe*"，在美洲落地生根之后，逐渐演变为新年保留菜式豇豆米饭炖咸肉（Hoppin' John）。塞内冈比亚人也开始在新家园中崭露头角，不仅强化了自己的饮食传统，还打造出新的文化。[4]

豆子已经完全融入墨西哥人的生活，家家户户以此为食，几乎盘盘菜肴不离豆子。豆子在其他国家经常和大米一起烹煮，但在墨西哥，却是烹饪的主角，可以像砂锅豆那样单独成菜，也可以裹在玉米粉圆饼或者煎玉米饼里，还可以用作汤料。回锅豆泥或许是墨西哥最有名的豆子菜品，早在西班牙人入侵以前，墨西哥原住民就用这种方法延长豆子的保存时间。招牌甜面包、海螺面包、西班牙饺子等甜品，也会用到甜甜的豆酱馅料，软糯柔滑。

意大利人对豆子的热爱亘古未变。豆子和小扁豆是托斯卡纳美食的主角，大白豆更是灵魂（大白豆在意大利语中为"*fagioli*",这个词也用来概指所有豆子)。食物人类学家卡罗莱·库尼汉(Carole Counihan)在《托斯卡纳餐桌》(*Around the Tuscan Table*)一书中完整呈现了佛罗伦萨的饮食文化,发现豆子在托斯卡纳的招牌菜中赫赫有名,番茄浓汤焖豆、豆面煎饼、伦巴第浓汤、意面豆汤、各种蔬菜浓汤(*minestre*)都由豆子唱主角。托斯卡纳人对豆子的热爱为他们赢得了"吃豆人"的头衔。一首在各种不入流通俗文化中都能见到的《豆子颂》(Hymn to the Bean),恰好唱出了这样的虔诚。[5]

致敬,向豆子致敬

神圣,佛罗伦萨

托斯卡纳,天赐心形

一如我心,关乎我命

丘陵绵延,甜香四溢

芬芳硕果,浸于"勤地"

兄弟起立，以食之名

古老圣歌，放声一曲

致敬，向豆子致敬！

波士顿是美国历史最为悠久的城市，得名"豆城"，纯属偶然。波士顿所在的新英格兰地区，在殖民时期流行豆子配黑面包。普利茅斯的英国殖民者喜欢黄油黑面包，而印第安人爱吃枫糖焗豆。英国人接受了这道印第安菜品，保留了菜式做法，但最终改用糖蜜来增加甜味，不过在很长一段时间内依然使用传统的焗豆锅烹饪焗豆。历史的时间线此时刚刚走到17世纪初，而这道菜品要到18世纪初才演变为波士顿焗豆，但真正代表波士顿文化还为时尚早。直到1907年的"老住户联欢周"宣传活动才坐实波士顿的"豆城"别称。当时，不干胶贴纸刚刚问世，大量用于"联欢周"的宣传。贴纸中心的图案是两只手在焗豆锅上方紧紧相握，贴纸外圈印着"回到马萨诸塞"

家常炸斑豆配薯条和酸橙。

（Come back to Massachusetts）。《波士顿环球报》
（*The Boston Globe*）刊登了相关文章。各类明信片
也加入宣传队伍，有的印着豆苗的图案，配文"不来
波士顿，无以知豆；波士顿，更大更好更繁荣"（You
don't know beans until you come to Boston; Bigger,
Better, Busier, Boston）；有的印着一锅焗豆，配文"波
士顿地区特产，不来点儿尝尝？"（Souvenir of Boston
and Vicinity, Won't You Have Some?）。[6] 20世纪30
年代，费拉拉滚糖衣糖果公司（Ferrara Pan Candy
Company）推出了"名不副实"的波士顿焗豆糖，亮红
色的糖衣里包裹着花生，没有一粒"豆"。

日常饮食与饮食时尚

豆子是营养物质大本营，能提供人体必需的几乎
所有营养。在以蛋白质和碳水化合物为主的饮食中，
豆子物美价廉，是均衡膳食的佳选。豆子经常被误认

作和大米、意面一样的淀粉类食物，但实际上，豆子属于蔬菜家族。

豆子富含蛋白质、纤维、可溶性纤维、复合碳水化合物，以及微量营养元素（包括维生素和矿物质两类），如B族维生素和钙。因此，豆子是非常有益的食物，尤其适合糖尿病患者和心脏疾病患者食用。豆子的营养可以被人体缓慢吸收，有利于控制血糖水平。同时，豆纤维可缓解高血压，保护心脏健康。

可是，朗朗上口的儿歌"豆子，豆子，神奇果子"（beans, beans, the magical fruit）实在深入人心，让不少人放弃了"吃豆子保健康"的愿望，在"吃豆子会胀气"的担忧前却步。意大利文艺复兴时期的美食家巴尔托洛梅奥·普拉蒂纳（Bartolomeo Platina）早在1470年成书的拉丁语名作《论饕餮之乐与健康》（*De honesta voluptate*）中，就已经谈到食用豆类后在众目睽睽之下放屁的尴尬，他认为小扁豆导致肠胃胀气，让人必须强压突如其来的"屁意"。将近400年后，路易莎·梅·奥尔科特（Louisa May Alcott）的叔叔威廉·奥尔科特（William Alcott）医生断言豆子会引发肠胃胀气、胃酸过多和其他不适。说来奇怪，这个结论恰恰写在推行素食主义的专著结尾。在该书正文中，奥尔科特医生刚刚陈述过豆子的营养价值，对豆子推崇有加。

如果是担心吃了干豆子烹煮的食物会肠胃胀气，倒也不无道理。干豆子含有人体不能消化的寡糖，而新鲜豆类中是不含此类化合物的。寡糖类化合物必须经由特殊的肠道菌群分解，发酵过程中释放出的氢气和甲烷最后会变成屁。

为了让大家既能安心享用豆子的美味，又免受消化道症状的困扰，研究人员至少已经做过两次尝试。20世纪70年代，加利福尼亚大学伯克利分校的食品工程师贝尼托·德·卢门（Benito de Lumen）通过基因重构，促使干豆子中的寡糖能被人体代谢，替代发酵过程，设计出"洁净豆子"（clean bean）。可惜没能流行开来。[7]数年后，英国研究者、豆豆公司（Peas and Beans Ltd）所有人科林·利基博士（Dr Colin Leakey），针对之前数年在智利找到的一种豆子，着手研发"低胀气"的杂交豆，命名为"端庄豆"（Prim bean），称这种豆子不会像普通豆子那样造成放屁困扰。尽管"端庄豆"实现了1.6万美元的销售额，利基博士最终还是认为肠胃胀气自然而然，放屁也是天经地义。

千百年来，折服于豆子的营养价值、不惜承担胀气放屁风险的人，在烹煮实践中总结出若干减少或降低肠胃不适的方法。可以先浸泡豆子，在烹煮前撇去泡豆水上的浮沫，或者把泡豆水全部倒掉。这样做可以去除豆子释放出的气体，但可能会损失掉溶在水里的豆香，甚至是维生素。而且，圣方济各（St Francis of Assisi）也提醒过，浸泡豆子的过程不过是徒增烦恼。如果不提前浸泡豆子，直接进入烹煮环节，就要在加入各种调料的同时，添加墨西哥土荆芥或是日本昆布——一直以来都有这样做能缓解胃痉挛，改善消化的说法。据说经常吃豆子，有可能形成豆类免疫屏障，不过此类理论尚未经证实。当然，也不妨事先服用Beano等防胀气的药物，做好准备。

纵观历史，素食和新近的严格素食尤其倚重豆类来替代肉和蛋白质。西方的隐修规章中早有严格素食主义的记载，圣本尼狄克（St Benedict）创立的这套规章，被加尔都西会的修士、修女奉为圭臬，满怀虔敬地从豆子中获取日常营养。

在皮萨罗完全征服秘鲁前，印加人以素食为主。他们有充足的野味，而且家家户户饲养豚鼠。尽管如此，印加人主要从豆子、豌豆、牛油果中摄取蛋白质，辅以多种蔬菜。印第安人也以素食为主，主要食用小扁豆。这种豆子在印第安语中称为"dal"，易于生长，种植已久。

豆子派逐渐成为最受欢迎的豆子料理。面包店开始出售有肉桂和肉豆蔻调味的豆子派，充分打发成轻盈奶黄质地的豆子馅料，填在全麦饼皮中入炉烘烤。

豆子派制作简单，是拥抱新生活人士的最爱。在享用烟熏火鸡或豆腐、糙米饭、蔬菜之后，来一块有坚果香气的甜丝丝的豆子派，这一餐可算是完满。

豆子派不仅登堂入室，跻身餐馆的菜单，也变身街角小店的常驻嘉宾，同时快速攻占了新皈依穆斯林群体的内心，更是进入美国黑人文化的主流。豆子派这种新兴的素食甜品流行开来，取传统红薯派而代之。穆斯林美籍历史学家查希尔·阿里（Zaheer Ali）把豆子派取代红薯派看作彻底抛弃了强加在奴隶头上的名字的标志。

20世纪60年代，越战正酣，"可持续发展"这个时髦词还名不见经传，反正统文化饮食也是众多其他民权运动不可或缺的一部分。婴儿潮世代政治团结，常常抱团行动，公开抗议；他们希望公民对食物来源有知情权，要求实行公司问责，促使企业承担企业责任。种种努力唤起了素食运动的复兴，也打造出素食运动今天的面貌。

自从反正统文化饮食现身，人类就一直执迷于保持健康。各种稀奇古怪的排除饮食法始终占据上风，代代相传，不过常常是"新瓶装旧酒"，或者每逢更新换代，调整一下能吃（或者不能吃）食物的名单。无论如何，豆子似乎总能"霸榜"禁食食物名单。1992年，《阿特金斯博士的新饮食革命》（*Dr Atkins' New Diet Revolution*）出版，把阿特金斯饮食法（Atkins Diet）再次推向大众，该书连续五年登上《纽约时报》（*New York Times*）畅销书榜。2003年，南海滩饮食法（South Beach Diet）横空出世，与阿特金斯饮食法竞雄。不过，两者都强调摄入瘦肉蛋白，控制碳水化合物。2009年，Whole30推出为期一个月的减肥计划，核心内容是"只吃正经食物"的八条建议，要求从日常饮食中剔除谷类、豆类、乳制品、烘焙食品。2013年初，原始人饮食法（Paleolithic Diet）提倡"回归"人类先祖的饮食习惯，多吃肉类、坚果和蔬菜。豆类受淀粉含量牵累，被上述所有的饮食法排除在外；其中有几

1942年，新泽西州布里奇顿锡布鲁克农场
（Seabrook Farm）的农业豆田。

谷物江湖
豆子小史

种饮食法还提到豆类中的植酸，以为佐证（植酸是植物天然的防御机制，起抗氧化作用，已经证明会抑制人体内的酶；而大部分酶都是蛋白质）。除前面提到的饮食法外，电视上、减肥中心里，还有五花八门的无豆类饮食法，供君选择、任君购买。

从日常饮食中剔除豆类，其实算不上创新之举。远在公元前600年前后，素食主义者毕达哥拉斯就颗豆不沾。理论上来说，这是毕达哥拉斯天生睿智、实践推理的结果。但实际上（或者更应该说，据信），毕达哥拉斯这么做，不过是对冥界怀有敬畏，坚信豆茎是灵魂的通道。他的虔诚追随者对豆子也是嗤之以鼻，拒绝食用。其时，在选举中用染上不同颜色的豆子来计票，因此，毕达哥拉斯学派也不参加投票活动。

神奇的是，后来确认的某种与新鲜蚕豆相关的疾病，似乎恰恰源于意大利南部，也就是当年毕达哥拉斯和该派信徒生活的地方。蚕豆病是罕见的遗传性疾病，患者通常来自地中海地区，血红细胞中缺乏葡萄糖–6–磷酸脱氢酶，多发于男童。食用新鲜蚕豆或是吸入蚕豆花粉会引发红细胞急性病变，导致疲倦乏力，甚至死亡。

抛开对豆子的各种看法不谈，仅从营养角度出发，豆子本身就是能量之源，和大米搭配食用，效果更是令人惊叹；搭配未经抛光粉碎的大米尤佳。米豆搭配可以产生完整蛋白质；不仅能够摄入豆、米单独提供的营养，还可以实现两者蛋白质的圆满互补。大米含有豆子缺乏的各类氨基酸，而豆类可以提供大米中没有的赖氨酸（氨基酸的一种）。

20世纪80年代，人类学家悉尼·明茨博士（Dr Sidney Mintz）提出"核心—从属—豆类"（core-fringe-legume）食物模式，认为大部分人的饮食遵循这一结构。"核心"指碳水化合物，包括土豆、薯蓣、木薯、谷物以及意面等加工食品。"从属"让"核心"更加可口，比如互补性动物蛋白质、大蒜、奶酪、沙拉用绿叶蔬菜。明茨发现在全球大部分饮食传统中，常规膳食都包含豆类。[8]在明茨之前，已经有人类学家奥德丽·理查兹（Audrey Richards）对南班图人的一支——本巴人进行了研究。本巴人主要以浓稠的小米粥为食，辅以少量蔬菜，配肉或鱼。明茨提出的食物模式以理查兹的研究为基础，研究大部分人饮食中三种组分的占比。

1944年，严格素食主义在英国正式诞生，比素食主义更强调饮食的伦理价值和环境影响。动物权益保护者、纯素食协会（Vegan Society）创立人唐纳德·沃森（Donald Watson）把严格素食主义定义为"无乳品素食主义"；协会成立之初只有25名成员。1951年，协会扩大了禁食食物的范围，把所有动物产品都纳入禁食名单，同时提出严格素食主义的生活理念，即严格素食主义者不应压榨、残害动物。

成为素食主义者，背后的因素不尽相同，可能出于人道主义考虑，可能是健康原因，又或许只是单纯喜欢这种饮食方式；素食主义完全是个人喜好问题，因

龙舌豆。

此也就千差万别。但是，严格素食主义关乎原则，即人类不能为了一己私利，压榨、残害动物；这一原则没有商量的余地。[9]

沃森2005年去世时，据纯素食协会估算数据，英国有约25万人认为自己是严格素食主义者，而美国的这一人数超过200万人。[10]纯素食协会并非首个公布严格素食主义准则的机构；但是，自该协会创立以来，严格素食主义的饮食习惯确实引发了食物科学界的种种新变革，"核心人物"就是人人都爱的鹰嘴豆。

在乳肉蛋的替代品尚未大行其道之时，沃森或许是从伦敦医生威廉·拉姆博士（Dr William Lambe）和珀西·比希·雪莱（Percy Bysshe Shelley）那里得到了灵感。雪莱追随拉姆医生的素食主张脚步。两人都是素食者，为素食著书立传，涉足早期素食体系毕达哥拉斯饮食法（Pythagorean Diet）。拉姆医生著有《水与素食》（*Water and Vegetable Diet*）一书。一直以来，过度加工的食品盘踞大众市场，优质的纯素食品难觅踪影，常常只有用商品大豆制作的植物肉。严格素食主义不断深入人心，希望寻得可持续性替代产品的创新人士，也把目光转向了那一颗可能颠覆市场的豆子。

2014年，热爱烘焙产品的严格素食主义者喜提豆子水（aquafaba），只要打发豆子罐头中的盐水，即可快速自制蛋清替代品。[11]严格素食主义者、音乐人若埃尔·勒塞尔（Jöel Roessel）在美食博客上匿名发文称，对液体发泡进行观察和试验后，发现了可以替代蛋清的豆子水。文章发表后，这位音乐人向公众展示了豆子水可以用于制作各类需要发泡蛋清的食物，比如蛋白霜、打发的棉花软糖浆、法式马卡龙，以及拉莫斯金菲士这样的泡沫鸡尾酒。

鹰嘴豆罐头中的汁水已经公认是制作豆子水的佳选，对其他豆罐头汁水的尝试也从未停止，烹制干豆子之后剩下的卤汁，也是一种选择。各国名厨和调酒师都已经开始尝试使用豆子水，除了能给菜品和酒

用鹰嘴豆水制作的Sir Kensington's Fabanaise
无蛋蛋黄酱系列产品。

品增添新意，也给严格素食主义者顾客更多选择。鹰嘴豆水已经成为Sir Kensington's精心创制的无蛋蛋黄酱的主料，在该品牌酱料系列产品中打开了自己的一片天地。2018年初，又有535人以鹰嘴豆水为众筹主打内容，在40天内筹集到2.5万多美元，用于开发FabaButter无乳黄油。

谷物江湖
豆子小史

Beans
A GLOBAL HISTORY

4

豆子文学说

豆子始终与人类社会的发展牵绊，自然也就在各个文化中寻得了立足之地；在世代相传的故事里、在萧规曹随的仪轨里、在口口传唱的歌曲里、在流芳后世的艺术里，都有豆子华丽登场。

有些先哲不遗余力地鄙弃豆子。毕达哥拉斯因为豆田恐惧症，拒绝食用豆子；仿佛还不够荒谬，他又在思想体系中加上一笔，说放屁绝对与心智清明势不两立。亚里士多德对毕达哥拉斯的观点赞同不已，而且进一步演绎出中空的豆类根系简直就是通往冥王哈迪斯宫殿的"天梯"。为此，亚里士多德遇到豆田也会绕道而行，还补充说嚼过的豆子在阳光下腐烂变质，会发出精液或死人血的味道。

豆类根系并非中空结构，而是长满发达的根瘤；可见，亚里士多德对豆类根系的认识存在技术性错误。但是，从哲学角度解读豆子，认为豆子映射出人类灵魂的产生和转移，也不无道理。希腊语和日耳曼语中"豆子"一词的词根都是"膨出"的意思。豆类史学家肯·阿尔巴拉指出，这个词根的用法与毕达哥拉斯口中的排放"尾气"有关，但也体现出当豆荚饱满时，貌似女人的孕肚。因此，豆类就与再生和繁殖力有了联系。[1]

民间传说和寓言是教化的汩汩之源，看似浅显易懂的小消遣，蕴含的文化范式就这样代代相传。古老的伊索寓言不惧数千年的时光，在现代文化中依然亮眼。现在的孩子依然能从《城市老鼠和乡下老鼠》的故事中，获得"豆类是低等人饮食"这样的初体验：城市老鼠去乡下兄弟家做客，耸着鼻子闻了闻餐桌上的咸肉和豆子，二话不说，就把简单淳朴的乡下老鼠带进城，去"吃顿好的"。鼠兄鼠弟吃大餐的过程却是险象环生，害得它们几乎小命不保。九死一生之后，乡下老鼠踏上归途，留下烦恼的城市老鼠点出故事的寓意："平平安安地吃咸肉嚼豆子，也好过担惊受怕地吃喝玩乐。"丹麦作家汉斯·克里斯蒂安·安徒生（Hans Christian Andersen）也创作了和豆子有关的童话故事《豌豆公主》，两个世纪来，陪伴着世界各地孩子的童年。故事里那粒藏在层层垫子下的豌豆，突出了明察秋毫的重要意义。不过，最有名的豆子故事或许没什么道德含金量可言。英国童话《杰克与豆茎》的年轻主人公，做出了一个又一个有道德瑕疵的决定，从得到一把魔豆开始，一路向上爬到豆茎顶端，同步上升的还有他的社会经济地位。[2]

豆子不止停留在传说故事里，也出现在不同文化的传统习俗中。千百年来，日本各地都会在立春前一天举行节分祭，用撒豆仪式来驱鬼辟邪。全世界的天主教徒，特别是西西里的天主教徒，会用干蚕豆庆祝圣约瑟夫日，感谢圣约瑟夫的庇护，感谢他在大干旱中用丰收保护人们免受饥荒之苦。美国南部也有类似用豆类祈求兴旺的传统，认为在新年时吃豇豆能给

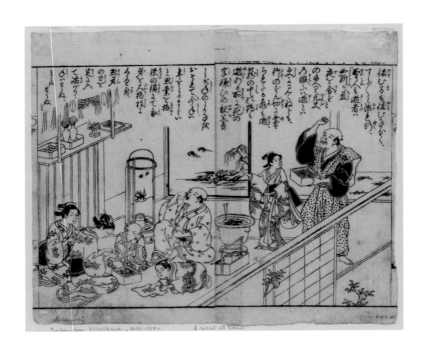

日本节分日撒豆驱鬼仪式，一家人围坐一处吃豆子，
一旁的男人向屋中撒豆。18世纪印刷品。

谷物江湖
豆子小史

来年带来好运。

　　豆子没有在历史传统中驻足不前，而是跟随时间，进入流行文化，比如，跻身现代俚语。波士顿人会用"doesn't know beans"（字面义"连豆子都不认识"）形容一窍不通的人。泄密是"spill the beans"（字面义"打翻豆子"）。如果有人"full of beans"（字面义"豆子满满"），要么是精力充沛，要么是荒唐透顶。会计和政府官员被蔑称为"bean counter"（字面义"数豆子的人"），精打细算的形象跃然纸上。扔东西砸到别人的头是"beaned"（字面义"豆击"）了他一下；如果碰巧扔的是个棒球，这个球就变身为"bean ball"（字面义"豆球"），也就是棒球比赛中犯规的"头球"。曾风行一时的"cool beans"（字面义"凉豆子"）用于表达赞美之情，就是我们常说的"酷毙了"。

　　豆子的确是很神奇的"果子"，走上千家万户的餐桌。但就是这么一种给人类提供了营养的食物，为什么却"成就"了那么深入人心的儿歌，就连成年人

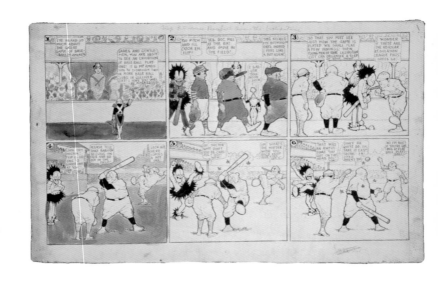

尼莫（Nemo）、菲利普（Flip）、淘气鬼（Impy）和
医生（Doc）在矮人国展示棒球运动。医生挨了一
个"头球"，然后和投球手菲利普大打出手。

谷物江湖
豆子小史

都会一提到豆子就又哼起小时候的那首歌谣？儿歌"豆子，豆子，神奇果子"源自英国，已广为西方各国文化接受，出现在经典卡通、美式小品、情景喜剧甚至是斯蒂芬·金（Stephen King）的小说里。这首儿歌至少有13个已知的版本，其中一个还是专门的"蚕豆版"。

豆子甚至与银幕明星一起成为经典。《卡萨布兰卡》（*Casablanca*，1942年上映）中有个经典场景，美国电影传奇亨弗莱·鲍嘉（Humphrey Bogart）饰演的男主里克·布莱恩（Rick Blaine）告诉女主，他们二人还有男二号之间的个人纠葛"在这个疯狂的世界里，一文不值"（don't add up to a hill of beans）。安东尼·霍普金斯爵士（Sir Anthony Hopkins）在《沉默的羔羊》（*The Silence of the Lambs*，1991年上映）中用精湛的演技，鲜活地呈现托马斯·哈里斯（Thomas Harris）笔下最惊悚的角色汉尼拔·莱克特博士。"食人魔"汉尼拔说他会用蚕豆和红酒精心搭配人体器官食用，让

豇豆米饭炖咸肉中一般使用黑眼豆。

谷物江湖
豆子小史

人不寒而栗。

豆子在流行音乐中也频频现身。因为迪安·马丁（Dean Martin）的不朽金曲《那就是爱》，意大利经典美食意面豆汤有了个浪漫的英语名字"pasta fazool"。英国摇滚先锋谁人乐队（The Who）在专辑《售罄》（*The Who Sell Out*）中不仅收录了亨氏茄汁焗豆（Heinz Baked Beans）的同名广告曲，就连专辑封面都是乐队主唱罗杰·多特雷（Roger Daltrey）怀抱巨大的亨氏焗豆罐在洗"焗豆浴"。在谁人乐队音乐剧专辑《汤米》的同名电影中，安–玛格丽特（Ann-Margret）效仿多特雷的"焗豆浴"造型，置身众多广告产品当中，在从破损电视内喷薄而出的"焗豆雨"里痛苦地扭动身体。乡村音乐传奇约翰尼·卡什（Johnny Cash）在歌曲《早餐豆》里借用了豆子的本意，没有任何转喻。殿堂级垃圾摇滚乐队涅槃乐队（Nirvana）把练手的小曲《豆子》归为稀有作品。披头士乐队（The Beatles）也没能逃过"豆劫"。乐队早

《吃豆子的人》，安尼巴莱·卡拉奇，
布面油画，1580—1590。

期在美国演出时，有狂热的观众向他们抛撒"爱的糖豆"。事后，无奈的四人只好在广播节目中请求观众放过一马。

豆子在20世纪的美国文学中更是以贫民食物的身份登场，是约翰·斯坦贝克（John Steinbeck）作品中的常客。他笔下的人物常常挣扎在生存的边缘，甚至苦苦追寻生活富足，仅用价格低廉的豆子果腹。斯坦贝克在1935年出版的小说《煎饼坪》中，挥笔直书豆子的重要意义："豆子能饱腹。豆子能扛穷。"几十年后，垮掉的一代游荡于世，浪迹社会底层，倾情于豆子这种简单的食物。杰克·凯鲁亚克（Jack Kerouac）笔下《在路上》（1957年出版）和《达摩流浪者》（1958年出版）中的流浪者一路上都以猪肉炖豆子罐头充饥，给简单的饭食刷上一层浪漫色彩。

豆子似乎没什么看头，在视觉艺术中不显山露水，但仍在一些著名作品中现身，受到知名艺术家的青睐。16世纪末，意大利画家安尼巴莱·卡拉奇

（Annibale Carracci）创作了多幅名为《吃豆子的人》的习作，画中的男人舀起一勺豆子送到嘴边：他吃的极可能就是托斯卡纳地区的大白豆。男人的草帽破旧软塌，衣衫单薄，观者一望便知画中的是农民的晚餐。美国画家安迪·沃霍尔（Andy Warhol）的《金宝汤罐头》中包含了三种以菜豆为原料的罐头和两种豌豆罐头。西班牙超现实主义艺术家萨尔瓦多·达利（Salvador Dalí）1936年的画作《煮豆子搭建的柔软结构》又名《内战的预感》，描绘了被撕裂重组的巨大人体，其下散落着一些豆子。芝加哥千禧公园里的21世纪金属雕塑《云门》出自英国艺术家阿尼什·卡普尔（Anish Kapoor）之手，看起来像极了一颗有镜面反射效果的巨大豆子，由此俗称"豆子"（the Bean）。2018年，卡普尔的另一件雕塑作品亮相休斯敦，是芝加哥"豆子"的竖直版本，结果引发了两座城市一决高下的网络"口水战"，最后升级成一颗"豆子"引发的"骂战"。

芝加哥千禧公园里的《云门》。

还有些地方和豆子的关系千丝万缕，豆子最终融入了当地的娱乐和个性表达。波士顿以"豆城"闻名，20世纪初期的一支波士顿棒球队就叫"吃豆人"（Beaneaters）。不过，球队后来几度易名，主场城市也几经变迁，最终落地亚特兰大。路易斯安那州新奥尔良有绚丽多彩的美食传统，有动人心弦的音乐传统，两者交相辉映。红豆米饭是横跨美食音乐的重要角色。布鲁斯巨星"泥水"（Muddy Waters）[3]曾为这道菜高歌，钢琴大师"长发教授"（Professor Longhair）[4]据此创作了欢快版本的歌曲《红豆》。传奇小号手路易斯·阿姆斯特朗（Louis Armstrong）对红豆米饭的热爱无以言表，曾把信件末尾的落款改成了"您的红豆饭"（Red beans & ricely yours）。更有甚者，新奥尔良当代小号演奏代表人物克米特·鲁芬斯（Kermit Ruffins）每周演出都会为来宾烹饪这道菜品。新奥尔良本地组织"红豆大游行"（Red Beans Parade）创立了"我为豆狂"（Bean Madness）慈善比赛，每年3月份

谷物江湖
豆子小史

和大学篮球冠军联赛同步举行，评选出全城最好的红豆米饭。参赛餐馆烹饪的红豆米饭由公众品评。比赛采取多轮赛制，赛程和结果在对阵表中一目了然。经过"甜蜜6+10"（Sweet 6-Bean）十六强赛，一路闯到"坚挺小餐叉"（Final Fork）四强赛，最后决出冠军得主。

豆子已经完全融入当今的日常生活，随处可见"叫豆非豆"的事物。小孩子会津津有味地观察墨西哥跳豆幅度微小的蹦跳和旋转；虽然名字中带有"豆"字，墨西哥跳豆却不是豆类，而是藏着昆虫幼虫的矮灌木果实。用作填充材料的小颗粒走入日常家用，有了"豆子"的头衔。比如豆袋椅和豆袋沙发，舒适随意，物美价廉；小颗粒填充玩具"豆豆公仔"（Beanie Babies）风靡数十年，是流行文化中浓墨重彩的一笔。很明显，软糖豆不只是纷飞落在披头士乐队头上的"豆子"雨，这种明胶类豆状糖果更是稳坐美国糖果店主打产品的交椅。通常很难描述出软糖豆的

红芸豆配米饭。

软糖豆应该是彩色糖衣杏仁和土耳其软糖在19世纪合体的产物。

口味和颜色，但是吉力贝（Jelly Belly）这样的食品大牌却在软糖豆的"艺术之旅"上走得更远，开发出各种奇异风味，甚至还有迷惑怪味豆。

Beans

A GLOBAL HISTORY

5

豆子美食汇

文化不兴，烹饪无所从。烹饪不兴，美食无所依。煮一锅完美的豆子常常让人手足无措，但豆子既能变身油炸饼，又可以发成豆芽，凭实力证明自己是饮食多面手。

　　菜豆最初发现于多个印加考古遗址，爆开之后的"开花豆"在厄瓜多尔和秘鲁至今仍在食用。菜豆有30多个品种，豆粒颜色从鲜红一直过渡到黄色，还有纹理斑驳的品种。平底锅中加油，放入豆子烹炸至爆开，就得到了清爽酥脆的下午茶点。这种"开花豆"看上去和爆米花类似，吃起来却有烤花生的味道。

　　两道以豆子为主料的巴西菜都和非洲有着千丝万缕的联系。传统上，巴西国菜黑豆炖肉汤汁墨黑浓稠，主料有黑豆和猪耳朵、猪蹄、猪尾巴等边角料，外加牛舌，再配以各种调料。16世纪，非洲黑奴被葡萄牙

爆开的菜豆粒。

殖民者贩运到巴西，发明了黑豆炖肉，奴隶和贵族都喜闻乐见。这道菜在当时是庆典大餐，现在一般在周末或者重大活动时端上餐桌，主料使用烟熏咸肉或牛肉，配上米饭、木薯粉糊，用百奇达鸡尾酒（batida，用类似朗姆酒的巴西甜酒、柠檬汁和蔗糖调配而成）佐餐。[1]

　　阿卡拉热（*Acaraje*）是巴西巴伊亚地区的一种街头小吃，小身材蕴含大历史。豇豆捣泥，虾干和洋葱切末儿，团成小饼；油炸成型后，一切为二，铺满洋葱、秋葵、虾，淋上坚果熬制的酱料。这种看上去很像炸豆丸子的小吃源自尼日利亚，在约鲁巴语中叫作"阿卡拉"，是火球的意思。除了辣椒酱带来的火辣口感，用棕榈油炸过的橘红色小团子，看上去确实像是一团火。然而，火辣口感不是阿卡拉热不同寻常的唯一原因。阿卡拉热的制作过程更是非裔巴西人对康董布雷（Candomble）宗教仪式的传承。19世纪初，非洲黑人在奴隶贸易中被贩运到巴西，与故土的联结在系统性种族主义中渐渐湮没，因此通过食物烹制的仪式来保存身份认同。阿卡拉热的菜谱和制作方法就这样代代相传至今，制作技艺已成为受巴西政府官方保护的文化遗产。

大家对酱油已经习以为常，不再去追根溯源。根据汉朝史书记载，酱油的历史可以追溯到公元前160年。古法酿造酱油，首先把煮到烂熟的大豆和小麦粉混合搅拌、晾干，再长时间发酵。发酵完成后，去掉表面霉菌，把豆酱饼和盐水混合，进入酿制过程。数周后即可得到香浓的汁液，即为酱油。酱油可以让菜肴具有天然酱香，味道鲜美，口感浓郁。过去，酱油装瓶前要滤掉豆渣，现在还要经过巴氏消毒方可装瓶。

当然，还有多种不同的酱油种类和酿制方法，比如装瓶之后继续熟化，以及富有地方特色的配方。酱油在日语中称为"shoyu"，酿制用到的培养菌普遍不同，而且小麦粉比例更高。酱油在印度尼西亚叫作"kecap"，这个词是对类似调味料的统称，也是"番

巴西国菜黑豆炖肉。

1901年前后，韩国首尔街头磨豆子的人。

谷物江湖
豆子小史

茄酱"（ketchup）的同源词。甜酱油是最常见的印尼酱油，比中国酱油更浓稠，味道偏甜，既可用作烹饪调味料，也是印尼传统街头小吃的常用蘸料。

此外，印度饮食也久已使用发酵的黄豆。印度地区原住部落民族制作发酵蔬菜和植物的历史已经超过2500年。发酵蔬菜和植物是当地饮食的重要部分。喜马拉雅东部的尼泊尔、印度、不丹尤以黄豆粒或黄豆酱为原料制作发酵食品。黏稠的发酵黄豆酱（*hawaijar*）是印度曼尼普尔邦乡村地区的收入来源，食用方法多样。曼尼普尔邦的庆典大餐"*chagempomba*"即是用发酵的黄豆酱、大米和蔬菜制作而成。喜马拉雅东部地区的妇女用整粒黄豆发酵制作"*kinema*"豆酱出售，贴补家用——这种豆酱可以搭配咖喱和米饭食用。

甜品中最常用的红小豆，是亚洲各国饮食中的常客。大约1000年前，红小豆由中国传入日本，在两国的烹饪中都多有使用；同时，在韩国、印度、泰国和菲律

1903年前后，韩国济物浦街头检验豆子的人。

宾等国都广泛种植了不同品种。红小豆制作的食物味道香甜，深红的颜色更受青睐，尤其适合在春节这样的喜庆节典用来制作甜品。红小豆的最常见的做法是熬煮成红豆泥，制作糕点；也可以浸泡后打成豆浆，或是做成"爆豆花"；烘焙之后，还可以充当咖啡豆的替身。

绿豆和红小豆关系密切。绿豆据信始种于4000多年前的印度，在印地语中称为"*moong dal*"或是"*moong*"。绿豆最常见的样子是绿豆芽，豆子本身有黄、棕、黑、绿各种颜色，随品种不同各有变化，而且在菜品中可甜可咸。绿豆还有个用美国奇克索印第安人命名的别称——"奇克索豆"，在19世纪中叶颇受美国农民喜爱。绿豆目前的"主场"主要在中国、泰国、日本、韩国、越南；不过，由于南非消费者对绿豆的兴趣日益提高，近几十年当地不断尝试绿豆商业化种植，可惜不太成功。绿豆淀粉含量高，不少亚洲国家都有用绿豆淀粉制作的粉丝、粉条。在欧美国家，绿豆通常是以晶莹剔透的绿豆芽形态出现在亚洲商店的农产品区里。

绿豆也可以像红小豆一样做成绿豆泥，当作传统月饼的馅料。宋人即有祭月的习俗。在中国，绿豆沙月饼和莲蓉月饼都是送礼佳品。传统月饼的饼皮用猪油和面，模压上精美的花纹。月饼里通常会塞进咸蛋黄，取其圆满之意。现代中国社会中，向客户赠送礼品或是家人间互赠礼品都是馈赠传统的延续。据说，月饼可能是日本幸运饼干的灵感之源，因为二者里面都藏有小惊喜。

放眼世界，很多国家的早餐桌上都有豆子的身影。鹰嘴豆凭借其细腻的质地，赢得了巴基斯坦和以色列的"芳心"。巴基斯坦传统早餐粗面粉布丁配薄饼包括辛香鹰嘴豆、芝麻酱汁甜品、油炸无酵饼。以色列传统早餐是北非蛋（番茄汁烘蛋）配皮塔饼和鹰嘴豆泥。缺少了回锅豆泥和黑豆羹的墨西哥早餐，难称完美。委内瑞拉的早餐是当地特色油炸玉米饼，中间掏

谷物江湖
豆子小史

传统印花月饼。

空，填满豆子和白奶酪，用来开启元气满满的一天。

有一个国家，早在14世纪就已经开始享用豆类早餐，至今风行。传统英式早餐由盎格鲁-撒克逊中上阶层始创。中上阶层虽然不是皇室贵胄，但也算社会中的特权阶层，喜欢给远道而来的亲朋好友奉上丰盛的早餐，以尽地主之谊。当然，菜品款式和食材品质也凸显了中上阶层的社会地位。在那以前，普通人是没有早饭吃的，每天只有中午和晚上两餐。基督教认为，除了儿童、病人、老人和劳作的人，其他人吃早餐简直是饕餮之行，不合规矩。

但恰恰因为中上阶层热衷通过丰盛的早餐自我炫耀，摆出殷勤好客的姿态，导致早餐在英国多年得不到发展。18世纪末，工业革命兴起，传统英式早餐风行，而且更加完善。维多利亚时代（1837—1901）的普通英国人开始注重餐桌优雅礼仪和异国风味；除了仿效中上阶层的早餐传统，还加入了典型的维多利亚时代特色，从餐桌布置到食材选用，全面升级。

1890年前后，日本街头小贩挑担卖豆腐。

英国中上阶层定下了早餐的基调，维多利亚时代的人把它进一步发扬光大。到了有"黄金年代"之称的爱德华时代（1901—1915），早餐已经进入英国的家家户户，变成庭院聚会和惬意休闲的同义词。从享用早餐开始一天不再是皇室和上流社会的特权，酒店等聚会场所随之开始提供早餐服务。

对简单快手、热量充足的早餐需求量大增，由此，传统英式早餐的食材也与时俱进。1903年，番茄酱生产商亨氏公司出品了英国人最爱的HP酱，迅速成为传统英式早餐死忠粉的必备调味品。借此，亨氏品牌一举赢得英国国民认可；20世纪60年代，亨氏"小蓝罐"茄汁焗豆又俘获了英国主妇的心，"登陆"英式早餐的餐盘。

传统英式早餐经济实惠，为不断壮大的英国工薪阶层所喜爱，全英各地的早餐也开始呈现不同的特色。传统英式早餐含有大量煎炸食品，俗称"火腿煎蛋"（fry up），包括英式培根、鸡蛋、香肠、茄汁焗豆、

亨氏茄汁焗豆罐头的迷人蓝色标签一直沿用至今。

传统英式早餐。

煎烤番茄、煎烤蘑菇、英国血肠黑布丁、烤吐司或者油炸吐司；具体内容和烹饪方式各地都有不同，还要看做饭人的喜好。英格兰从北到南对黑布丁是什么常常争论不休。苏格兰的传统早餐里会加上羊杂布丁。而在爱尔兰，会用不加血的白布丁代替血肠黑布丁，吐司也换成爱尔兰苏打面包，或者点缀几块爱尔兰土豆饼。

现代美食豆

当今世界淹没在一片选择的汪洋中。各类信息，必要或不必要，纷至沓来。千百年来，技术和交流一直左右着人类的烹饪方式，时至今日，依然如旧，菜谱、烹饪窍门甚至是日杂采购，统统可以一键直达。

墨西哥菜的演变就是一例。因为哥伦布大交换，墨西哥菜从豆类料理变成了牛肉料理。西班牙牧牛人抵达墨西哥，美洲大陆上于是有了牛仔、牛群和新的烹饪方法。烤肉配牛仔豆流行开来。南美原住民的饮食从低脂多菜多豆结构,演变成重肉重乳产品。玉米粉圆饼的原料也从玉米变成了小麦,原本用豆子和番茄制作的肉辣酱,变身为辣牛肉末。

西班牙殖民者抵达的时候,主要集中在墨西哥尤卡坦地区的中美洲人仍在丛林中的小片耕地上间作玉米、豆类和瓜类,耕种期和休耕期交替,给土地休养恢复的时间。种植的豆子种类繁多,各有特定的营养价值,比如芥末黄色的黄豆(amarillo bola)、浅玫红色的巴约豆(bayo)、奶油色的黄油豆(mantequilla)、淡蓝紫色或者紫色的荷包豆、栗红色斑豆、红斑大白豆(vaquita rojo)。[2]小花菜豆五彩斑斓,因为抗旱性强而备受推崇。公元前5000年,豆类在干旱的中美洲就已有种植,生活在索诺拉地区(今亚利桑那州)的帕帕戈人尤以豆类为主要食物。[3]

各国移民奔向美国,安家落户,世界各地的饮食文化随之而来,在美国相遇相融。现在美国东部不少

牛仔豆现在通常叫辣椒豆，各地都有自己的
特色配方。

桑福德·亚当斯（Sanford Adams）刊登的豆荚种粒
分离机广告，称该机器同样适用于谷类和土豆。

谷物江湖
豆子小史

猪肉炖豆子罐头装箱，摄于1915—1925年。

菜品，比如牛仔豆和豆洞焗豆等，还是以豆子为主料。

19世纪初期，仍然只有从豆荚中剥出的新鲜豆子或是经过烹饪才能食用的干豆子，豆子罐头和冷冻豆角尚未面世。1861年美国南北战争（1861—1865）爆发，在数千英里长的战线上为军队提供食品补给成为棘手的问题。尽管可以利用火车、内河船只以及其他交通工具运送干货，但还是急需找到办法保存新鲜水果、蔬菜、乳品等易腐食品，保证军队的健康。军需部找到了盖尔·博登（Gail Borden）。博登——当过老师，做过土地测绘员，是万事通一样的人物——当时正在尝试罐装保存牛奶。军需部委托博登为北方联邦军队提供不易腐坏的军需食品。博登大获成功。战争结束，士兵解甲归田，把在军中养成的罐装食品饮食习惯，一并带回家中。19世纪末，全美市场上有将近3000万罐各类食品罐头可供销售。[4]

罐头食品产效高、产能大，经济实惠。然而，也随之出现了欺骗消费者的情况，有些产品缺斤短两，

112

还有公司蓄意装罐已受污染的食品。消费者看不到罐头里的内容，罐头外部也没有品牌标识，等到开罐食用时才发现罐头有问题，为时已晚。金宝汤公司（Campbell's Soup Company）看准机会，首创了绘有食材图案的产品标签，还推出了"金宝汤儿童"（Campbell Kids）广告系列，都是健康可爱、活力四射、笑容灿烂的儿童卡通形象。这样的广告手法在20世纪初可以说闻所未闻，开创了市场营销新格局。

受此启发，明尼苏达谷罐头公司（Minnesota Valley Canning Company）给自家的新产品好好做了一番推广。被称为"威尔士亲王"（Prince of Wales）的新品豌豆，颗粒巨大，超乎寻常。公司原本并不看好豆子的销路，但广告推出后，新品"绿巨人超大粒嫩豌豆"（Green Giant Great Big Tender Peas）迅速脱颖而出，还有了名副其实的产品吉祥物"快乐绿巨人"（Jolly Green Giant）。体形巨大、面容和善的人形吉祥物怀抱果实饱满的大豆荚，出现在产品标签上。

1979年在明尼苏达州布卢厄斯169号公路旁落户的
"快乐绿巨人"塑像。

谷物江湖
豆子小史

第二次世界大战期间，食品罐头发挥了重大作用。但由于金属定量配给，只向军队配发罐头。"二战"结束后，经济凋敝，罐头经济实惠，给从战争中恢复的普通民众提供了饱腹食粮。20世纪50年代初，另一项新技术开始重塑人们的饮食方式和豆类的销售方式。1952年，全美已有2000万个家庭拥有了电视。差不多与此同时，斯旺森（C. A. Swanson & Sons）冷冻禽肉公司的一位经理造访了冷冻餐饮公司（Frozen Dinners, Inc.），后者是泛美航空国际航线飞机餐的供应商。斯旺森公司的这位经理由此得以一窥飞机餐三格餐盘的真容。1953年，第一盒"电视餐"正式投放市场。每盒"电视餐"含火鸡肉、肉汁、馅料、红薯泥、黄油甜豌豆，售价98美分。忙碌的现代家庭一点即透，离开餐桌、奔向电视，捧着加热即食的晚餐，津津有味地看着电视节目。冷冻食品业由此开始发展壮大，逐渐从全套餐食转向乳酪通心粉布丁、冷冻胡萝卜等配菜，墨西哥卷等单品，以及盐水毛豆等加热即食的小吃。

20世纪40年代的"德比牌"（Derby）辣牛肉末广告。

饮食文化日新月异，但豆子一直是烹饪地位稳固的干货。20世纪70年代，里瓦尔制造公司（Rival Manufacturing）购买了电炖锅的专利，在芝加哥家庭用品展览会上首次发布重新打造的"克罗克电锅"（Crock-Pot），称这个"耗电量不过和白炽灯泡相当"的电炖锅能让家庭主妇轻松做大餐。

　　不过，电炖锅最初却不是用来准备正餐的全能选手。欧文·纳克森（Irving Naxon）成为西电公司（Western Electric）工程师后，开始摆弄自己的各种发明。纳克森从犹太蔬菜烤肉拼盘中获得了灵感，犹太教徒在安息日享用的这道菜是把肉、土豆、豆类等放在锅里慢慢煨熟。纳克森的奶奶从前会把需要的食材放在瓦罐里，再把瓦罐放在炉子上一整夜，利用炉子的余温把菜煨熟。1940年，纳克森申请了"波士顿小豆馆"（Boston Beanery）电炖锅的专利，市场定位为可以慢慢煨熟干豆子的专用炖豆锅。20世纪70年代末，"克罗克电锅"的销售量已达百万台级别。[5]

20世纪80年代，电炖锅销量猛跌，但2013年美国消费者报告显示83%的美国家庭拥有电炖锅。里瓦尔制造公司给电炖锅的广告语是"就算厨师不在家，饭菜一样顶呱呱"，主打电炖锅安全慢煮，保证双职工家庭下班回家就能吃上饭。"饮尚宝"（Instant Pot）多功能电压力锅于2012年上市，"从厨房解放双手，不误营养均衡美食"。[6]

"波士顿小豆馆"电炖锅出现的时候，家庭主妇们正在想方设法快手成餐，这才成就了电炖锅、罐头、省时菜谱的好时光。1955年，多尔卡丝·赖利（Dorcas Reilly）在金宝汤厨房工作，负责开发适合编入低成本宣传册的菜谱，吸引家庭主妇购买金宝汤罐头产品。赖利看到了金宝汤蘑菇汤罐头的商机。当时，美国中西部已经普遍把蘑菇汤加在焙盘菜中，增加各种食材间的附着度，蘑菇汤由此得名"路德宗浓汤宝"（Lutheran binder）。[7]赖利开发的焙盘菜在此基础上使用了广受欢迎的冷冻豆角，在食材表面撒上一层炸

1930年前后，两位老妇人正在择豆角。

洋葱丝，遮盖蘑菇浓汤不太美观的灰色。这道豆角焙盘颜色鲜艳，成为金宝汤正式推出的节日大餐。

20世纪80年代，外出就餐的人数刷新了历史纪录，导致电炖锅的销售量暴跌。当时在美国，大批餐馆开业，每条街上都有不同消费档次的各类美食挑逗着人们的味蕾。为"在家吃饭"而生的技术不断进步，几乎与此同时，餐饮行业中创意新浪潮涌动，行业发展壮大。

对于"在家吃饭"长大的人来说，"出去吃饭"是全新的人生经历。纳克森的"波士顿小豆馆"专利电炖锅，陪伴几代人成长，但"波士顿小豆馆"这个名字原本是指能饱餐一顿的便宜小馆子，不过啤酒经常是温暾的，只能将就喝。19世纪中叶，小馆子面向工人阶层，售卖经济实惠的饭食。满满一碗猪肉炖豆子（这道菜后来在英语中派生出各种俚语和隐晦义）可能只需要6—9美分，而且这样的小馆子24小时营业，全年无休。

猪肉炖豆子是小馆子的主打菜，后来变成了招牌菜，不过早期小门脸餐馆的菜品远不止于此。在小馆子的菜单上，还有咸牛肉、烤牛肉、罐烘鸡肉馅饼，甚至还能找到经典美式火腿蛋早餐等菜式。想吃全餐的客人可以点一份30美分的套餐，会额外配上面包、一角馅饼、热咖啡。

1920年，约翰·"巴尼"·安东尼（John "Barney" Anthony）在加利福尼亚伯克利开始经营巴尼小馆（Barney's Beanery），但只接待男性顾客；这个小馆子日后发展成美国知名连锁品牌。最初，安东尼独自打理小店，包揽从后厨到清洁的所有工作。几年后，他决定把生意搬到西好莱坞的圣莫妮卡大道上；当时，那里是传奇66号公路上比较荒凉的部分，农田环绕。事实证明安东尼的决定很明智；搬到西好莱坞之后，他和他的巴尼小馆才成了名流打卡地，赠送食物的举动又为他赢得了慷慨之名。

克拉拉·鲍（Clara Bow）和珍·哈露（Jean Harlow）都会在巴尼小馆打发时光。20世纪40年代，克拉克·盖博（Clark Gable）和贝蒂·戴维斯（Bette Davis）更给这里增添了光彩。跑好莱坞新闻的各路记者常常报道看到演员、音乐家、喜剧演员在巴尼小馆碰头，八卦哪些名人会把自己的热辣新闻告诉安东尼。没过多久，巴尼小馆翻修一新，增加了包间，安装了电视。

1964年，安东尼为《生活》（Life）杂志上一篇题为《同性恋在美国》（Homosexuality in America）的文章拍摄配文照片，拍摄背景是巴尼小馆的吧台，架子的标牌上用醒目的大写字母写着"娘娘腔，勿入"。这个标牌本就引来颇多非议，照片的配文又恰恰就是安东尼的原话"我不喜欢他们"，语带不屑。

安东尼的公开立场至少没有影响到他在名流圈子中的公众形象。艺术家爱德华·金霍尔茨（Edward Kienholz）1958年时就有复制一个巴尼小馆的想法，最终借着巴尼在同性恋立场上的由头，在1965年才创作出互动作品《小馆子》（The Beanery），在巴尼小馆外的停车场上展出。金霍尔茨的"小馆子"长八米，用熟石膏浇筑，里面的人物都是顶着"点钟脸"的混凝纸雕塑，所有的点钟指针都停留在上午10点10分；整个空间充斥着滋滋冒油的煎培根味。金霍尔茨说他的创作灵感来自某天看到的报纸头条《越战中儿童相互残杀》，"点钟脸"上的表针恰似两道眉毛，更衬托出这些顾客是在浪费宝贵的时间。作品中的安东尼是唯一一个拥有人类面孔的形象。

　　安东尼的名流好友等了解他的人都为他担保。1977年时，演员戴维·巴里（David Barry）对《洛杉矶时报》（*Los Angeles Times*）表示，"没什么人注意"店里挂的那块标牌，而且"巴尼小馆里还有男同性恋常客"。[8]最终认定，在当时的"恐同"歧视背景下，巴尼小馆是按照当地警方的要求才挂上了酒吧里的那块牌子。不管真相究竟如何，维权人士依然希望摘掉牌子。20世纪70年代，男同性恋维权人士联合抗议，成功地从巴尼小馆中摘下了那块带有歧视色彩的标牌。

这块牌子现藏于南加州大学图书馆ONE国家同性恋档案馆。

安东尼于1968年11月25日去世，但名流们仍能在他营造的小空间里找到慰藉。大门乐队（The Doors）从"娘娘腔，勿入"的牌子中看到了桀骜不驯的巴尼小馆。贝特·米德勒（Bette Midler）、鲍勃·迪伦（Bob Dylan）、德鲁·凯里（Drew Carey）等一众明星都是这里的常客。安东尼去世后不久，第二家巴尼小馆开业。目前共有六家巴尼小馆，其中位于西好莱坞原址的店面在2018年时被纳入大型多功能建设项目计划。

波士顿小馆（Boston Beanery: Restaurant and Tavern）没有那么多非议缠身，至今沿用"Beanery"一词，经营现代美式菜肴，2018年时在美国东部共有三家店面。小餐馆在时间流逝中不断发展，汉堡、热狗、三明治以及奶昔、比萨等特色食品也加入菜单当中，以满足顾客口味，融合成现今大家熟悉的美式风格饮食。

Beans
A GLOBAL HISTORY

6

明日之豆

2013年4月17日，得克萨斯州西部一家化肥厂发生剧烈爆炸，干旱的平原上空升腾起一朵蘑菇云。工厂内的人员丧生。爆炸甚至造成附近镇上的居民死亡。这家化肥厂加工储存硝酸铵——这种化学制品高度易燃、不稳定，是工业化种植的首选化肥。

　　弗里茨·哈伯（Fritz Haber）和卡尔·博施（Carl Bosch）在1909年发明的合成氨，最初被美国和欧洲在第二次世界大战中用于增强武器性能。"二战"结束后，这种新型氮化合物还有大量剩余，美国政府给它们找到了好去处。农业种植需要氮肥，美国政府于是把合成氨包装成能增加收成、节约劳动力的"好帮手"。战后恢复期时，这样的"好帮手"能给农民带来收入，给全民提供粮食，却导致此前农民赖以获得天然氮肥的豆科植物遭到大面积清除。世界粮食供应由

1940年，特拉华州的流动摘豆工人坐着校车去豆田工作。

谷物江湖
豆子小史

此仰仗化学制品而活。[1]

在相当长一段时间内，化肥就像土地救星，创造了生产奇迹，让农民种植增收、耕作面积扩大，随之有能力购买拖拉机、联合收割机这样的大型设备。越来越多的农民放弃轮作和多种作物种植，改为种植单一作物，快速获得高回报。大部分人开始种植玉米、小麦、棉花、大豆等商品作物，在国际市场上出售给欧洲和亚洲，获取最佳效益。遗憾的是，大部分个体农户的好日子没能持续太久，他们必须给大量的粮食收成找到出路。此前，农民依靠种植获得稳定的食物流和收入；此时，工业化农业站稳了脚跟，摇身成为全球粮食来源。过剩的粮食收成问题随之而来，由此衍生出充斥市场的高度加工类粮食产品，广告词朗朗上口，标签上满眼陌生词汇。

豆类生产也经历了剧变，种植规模之大，既不见于之前的豆类规模种植，也不同于小块的庭园种植，而且同样没能逃过大规模农业的"套路"：种植种类不断减少，最后只有最易种植、最好销售的三四个品种留存下来。[2]豆类种植这门学问颇难捉摸，豆子品种不同、种植季节不同，情况差异巨大，因此是个关乎收益和损失的大问题。农民通常会选定专门种植某一品种，不兼顾其他。

一垄垄豆苗在大片豆田中铺排开来，人工采摘显然已经不合时宜。豆荚成熟后，拖拉机轰鸣登场，把植株悉数收割，豆荚仍然挂在茎上，留在田里慢慢晾干。豆荚充分干燥、适合荚豆分离时，使用附带传送带的机器把豆荚过筛，豆粒漏下，进一步筛掉杂质。

新大豆

在各种因为第二次世界大战而遭受磨难的作物中，玉米和大豆也许是"最受伤"的两个。它们都是种植历史悠久的主食作物；战前，随便站在哪一块成熟的玉米地或是大豆田里，都能随手摘下饱满甜美的果实，尝到无与伦比的美味。那时的增值产品还没有丢掉食物本来的味道和样子。

酱油是典型的从传统酿造转变为大规模生产的增值产品。目前市面上出售的酱油，除非特别标明自然酿造或者古法酿造，大部分产品都是化学水解液体调味料。首先使用盐酸处理大豆，对得到的液体进一步做中和处理，再添加焦糖染色剂、盐、玉米糖浆，最后加入防腐剂。和用传统方法酿造的酱油相比，这种配制酱油香味寡淡，只是有咸味的替代品而已。

21世纪，食品科技的新发展催生了大豆制品Soylent代餐和Impossible Burger植物汉堡肉。Soylent代餐产品使用大豆分离蛋白制造，名字源自哈里·哈里森（Harry Harrison）1966年的科幻小说《让地方！让地方！》（*Make Room! Make Room!*）中的大豆小扁豆食品（soy lentil foods）。Soylent原味代餐饮于2014年问世，由Rosa Foods公司生产，宣称"食物浪费的不

大片农田仅种植种类有限的几种作物。

美国中西部一望无际的商品大豆田。

只是我们的时间"，同时表示代餐产品含有均衡饮食的所有营养成分。Soylent自问世以来，不断增加新口味，比如咖啡口味/混合咖啡因口味，2017年还推出了能量棒产品，但随后停产。

Impossible Foods公司凭借"像真正的牛肉一样口感丰富、香气四溢、鲜美多汁"[3]的Impossible Burger植物汉堡肉，变不可能为现实。Impossible Burger植物肉含有豆血红蛋白，能够产生血红素，因此具有肉类特有的血色和味道。2017年，《纽约时报》发文称美国食品及药物管理局（United States Food and Drug Administration, FDA）担忧人体无法吸收植物肉中的大豆成分。但2018年7月，Impossible Foods公司即宣布获得FDA官方批准。该款植物汉堡肉产品的其他配料包括水、结构性小麦蛋白、椰子油、土豆蛋白、天然调味剂。这款产品目前在美国和中国香港的餐馆中销量逐年增加。2019年，Impossible Foods公司宣布与快餐巨头汉堡王（Burger King）达成合作，在美国推出无肉版汉堡王招牌"皇堡"（The Whopper）。

现在，在豆田里直接摘生豆子吃恐怕不是美事。大豆已经脱离了种植手艺的范畴，变为商品，身份不同以往；豆子也是一种政治。

2018年，美国总统唐纳德·特朗普（Donald Trump）在即将到来的首个中期选举前夕，收到欧盟委员会主席让–克洛德·容克（Jean-Claude Juncker）的消息。消息称如果特朗普不再威胁对德国汽车产业征收惩罚性关税，欧盟对美国大豆进口会有显著增长。特朗普发动的国际贸易战，引发多国不安，容克深感压力。欧洲气候不适于大豆生长，但欧洲动物饲料和奶制品生产又严重依赖价格低廉的大豆。美国多年来从对欧盟大豆出口协议中获益匪浅。2018年，对欧盟出口大豆占全美大豆产量的37%，2017年的这一数值仅为9%。大豆战略充分证明豆子已经完全摆脱了卑微的身份，一跃成为竞争货币。

基因改造

20世纪70年代末，除草剂化学公司孟山都（Monsanto）开始研究生物技术作物。10年后，孟山都公司改换赛道，只专注于转基因作物实验，即从其他品种向玉米、棉花、大豆、油菜籽作物转移基因。1996年，孟山都公司投放了首个转基因产品，这种经过基因改造的大豆能够耐受孟山都招牌除草剂"农达"（Roundup）。很快，其他具有"农达"耐受性的产品纷纷上市，进入主流市场。[4]

不过，孟山都公司不能将基因改造的成果据为己有。1856年，神父格雷戈尔·孟德尔（Gregor Mendel）已经在摩拉维亚某修道院的花园温室里开始探索新的科学方法。孟德尔去世后，他的"孟德尔定律"在20世纪初开始广为人知，而"孟德尔特性"后来被冠以"基因"之名。孟德尔的各项发现奠定了基因改造类食品和人类基因组计划的基础。他的研究对象就

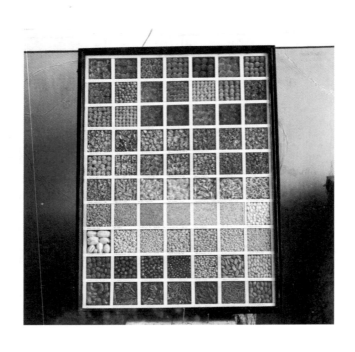

干豆子和其他种子标本的展示盒，约摄于1905—1915年。

是为大众熟知的豌豆。

2015年，国际农业生物技术应用服务组织（International Service for the Acquisition of Agri-Biotech Applications, ISAAA）庆祝生物技术/基因改造作物商业化20周年。据该组织报告，当时已在全球28个国家种植生物技术作物，种植面积总计达20亿公顷，相当于美国国土面积的两倍。[5]三年后，德国制药公司拜耳（Bayer）被迫剥离约90亿美元资产，方成功收购美国孟山都公司。价值660亿美元的收购增强了两家公司的竞争力，在种子销售和作物保护产品领域内尤其明显。拜耳出售了油菜籽、大豆和蔬菜种子业务以及除草剂业务，这是美国有史以来最大的反垄断资产剥离案。

国际豆类年

联合国宣布2016年为国际豆类年（International

Year of Pulses），关注干燥后的豆子，凸显干豆子对农业种植的重要影响和对健康饮食的巨大贡献。国际粮食问题智库组织"储粮罐"（Food Tank）大力参与豆类年活动，全年推广。为此，"储粮罐"采访了全球领导人，指出豆类有助于解决各类情况下衍生的问题，比如肥胖、粮食不足、环境足迹、水资源保护等。"粮食罐"创立人达尼埃尔·尼伦贝格（Danielle Nierenberg）在豆类年活动初期指出："生产1磅粮食用豆类（约450克）只需要43加仑水（约163升），生产同样重量的大豆需要216加仑水（约818升），种花生的话则需要368加仑水（约1393升）……粮食用豆类用水高效，植株可以滋养土壤，减少化肥用量。""小豆子，大机会"论坛拉开了豆类年活动的序幕，探讨粮食用豆类在应对全球健康挑战中的作用。各国国际组织会聚一堂，寻求利用粮食用豆类帮助小农户脱贫，增强全球粮食安全。

明日之星

  豆子已经俘获了各路美食爱好者的心，一边连着餐厅老饕，另一边连着环保主义者。加利福尼亚兰乔·戈多公司（Rancho Gordo）的史蒂夫·桑多终其一生为豆着迷，称自己是"豆子界的堂吉诃德"，创立了会员制的兰乔·戈多豆子俱乐部（Bean Club）。桑多种植、购买稀有品种的豆类，对美洲传家宝豆种的挖掘从未停歇，为此远赴墨西哥的偏远地区，参与豆种保存和农民权益保护活动。丹·巴伯（Dan Barber）是纽约知名餐厅"蓝山"（Blue Hill）的主厨，也是哈德逊河谷石仓中心（Stone Barns）非营利性蓝山农场的合伙人，致力于推广默默无闻的农场作物。巴伯认为食物体系是一个整体，需要采用传统作物种植（食用）方法，构建完整的体系，充分利用豆类作物天然的固氮属性和丰富营养。知名作家、民族植物学家加里·纳卜汉（Gary Nabhan）的研究围绕豆子展开，认

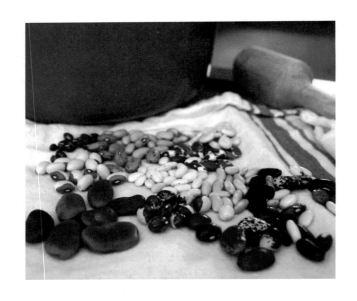

来自新旧世界的豆类品种准备用"machacadora"捣碎——这是
墨西哥的一种捣碎工具。

谷物江湖
豆子小史

为豆子的价值远非人类肉眼所见。还是亚利桑那大学的学生时，他已经发现野生的本地小花菜豆。后来，他创立了种子保护组织Native Seeds/SEARCH，为小花菜豆和其他豆类大量撰文，宣传在炎热地区种植豆类，解决粮食问题。加利福尼亚大学戴维斯分校的植物科学教授保罗·杰普茨（Paul Gepts）属于"技术流"，和学生共同培育了适合有机种植的豆类品种。国际慢食协会2014年在意大利托里诺（即都灵）大地母亲美食沙龙（Terra Madre/Salone del Gusto）活动上正式推出"慢豆"项目（Slow Beans），彰显豆类对地球和人类的重要作用。2018年，"慢豆"项目双年活动在"慢肉"（Slow Meat）展位大放异彩。2017年，《大西洋月刊》（*The Atlantic*）刊文指出，用豆子代替牛肉或许能解决美国心理协会2011年提出的"生态焦虑"。

对豆类运动有着坚定信仰的人中，有农民也有教授，各显神通，有时或许针锋相对；但无论如何，他们都坚信豆类是世界赖以维系的主粮。

豆之未来

环视周遭，我们会发现小小的豆子却有不容小觑的历史，从农业萌芽之初到大规模工业化耕作的今天，一直都有豆子的身影。豆子几乎存在于所有饮食文化中，为人类提供最基本的养分，融入人类文化肌理，催生出代代相传的相关仪轨和歌曲。朴实无华的豆子从来都是深植土壤、脚踏实地，和人类发展史交错缠结。

豆类最宝贵的资产溶于奉献给人类的养分里，映射在生态系统健康中；对于豆类在人类发展中的浓墨重彩，意大利著名小说家、哲学家翁贝托·艾柯（Umberto Eco）曾感叹豆类"拯救了人类文明"："豆类种植在10世纪时开始广泛流传，对欧洲产生了深远影响。劳苦大众能摄入更多蛋白质，因而体质增强，

沿着扫把攀缘而上的架豆藤。

用传统方式制作豆腐。

寿命增加，子女增多，欧洲人口数量复苏。"[6]

我们目前要养活近80亿人口；而且整个世界对个人健康养生越发在意，对我们所在星球的未来越发关切。因此，我们应该食用、种植更多豆类，这样的回归才是环境有益、文化合宜、经济实惠的圆满之道。

Beans
A GLOBAL HISTORY

食 谱

古代食谱

白芷小扁豆

出自阿庇修斯著《烹饪的艺术》（约850）

在干净的炖锅中放入小扁豆（加盐煮熟）。胡椒、莳萝、芫荽籽、薄荷、芸香、飞蓬，放入研钵捣碎，淋入醋；加蜂蜜、清高汤、浓缩葡萄汁，适量醋调味；放入炖锅中。白芷完全煮熟后，捣碎，（和小扁豆混合）加热；混合，加新鲜橄榄油，搭配适合菜品。

栗子泥小扁豆

出自阿庇修斯著《烹饪的艺术》（约850）

栗子剥皮洗净后放入炖锅中，加水和少量苏打，置于火上炖煮。胡椒、莳萝、芫荽籽、薄荷、芸香、罗盘草、飞蓬，放入研钵捣碎，淋入醋、蜂蜜、清高汤；适量醋调味；浇在煮好的栗子上，加入油，煮沸；煮好后，放入研钵捣成栗子泥。适当调味后，最后加入橄榄油。

小扁豆煮熟、沥干；加入葱韭、新鲜芫荽。芫荽籽、飞蓬、罗盘草、薄荷籽、芸香籽捣碎，淋入醋；加适量蜂蜜、清高汤、醋、浓缩葡萄汁；加入油搅拌充分。挂油面糊，加橄榄油，撒上胡椒。

制作豆瓣

出自理查二世主厨编著《烹饪方法：英格兰烹饪古卷》（*The Forme of Cury: A Roll of Ancient English*, 1390）

把豆子放入炉内烘干后，脱壳，把豆壳清理干净；豆瓣洗净，放入清高汤内煨熟，搭配培根食用。

豇豆米饭炖咸肉

出自萨拉·拉特利奇（Sarah Rutledge）著《卡罗来纳主妇》（*The Carolina Housewife*, 1874）

培根、红豆、大米各1品脱（约0.55升）。先向锅中加入豆子，煮到半熟，加入培根。豆子煮烂后，加入淘洗好的大米；半小时后，把锅从火上移开，放在煤块上蒸发水汽；方法与单独煮米饭相同。煮豆时先加1夸脱水（约0.95升），如果蒸发过多，再略加一些热水。加盐和胡椒调味，也可以加一小枝鲜薄荷做装饰。装盘时，先盛好大米和豆子，然后铺上培根。

现代食谱

家常炖豆

来自厨师、美食作家米内尔娃·奥杜尼奥·林孔（Minerva Orduño Rincón）

俗话说，越简单的菜越难做；炖豆子就是如此。豆子如果炖得恰到好处，入口的感觉就像是终于坐在了奶奶家那把"看上去就不敢碰"的古董天鹅绒扶手椅上——幼滑如丝，入口即化，却又绵中带粉。炖到火候的豆子吃起来不会有颗粒感，如果用在意大利烩饭里才需要保留一些嚼劲儿。豆子炖到要开花的火候，丝滑的口感堪比陷入上等天鹅绒扶手椅中的奢华享受。

大部分时候，不一定要事先泡好豆子。未浸泡的豆子虽然烹饪时间会长一些，需要加入更多汤水，但在味道上更胜一筹；毕竟，豆子浸泡几个小时后就会开始发芽、发酵。如果想看看豆子发芽的速度到底有多快，不妨在湿棉球上放一粒斑豆，置于阳光充足的窗台上；第二天就会看到有小小的绿叶破壳而出。

"无须浸泡"规则在白豆身上可能是个例外。即便先泡再煮，有些白豆仍然不会绵软。最简单的方法是在室温下用温水浸泡白豆1小时，即能分出未泡发的豆子。

动手煮豆子前，还有重要的几点必须明确。煮豆子后的浓稠汤汁和豆子一样美味有营养。制作豆泥时，要趁热使用煮豆汤汁，才能保证豆泥细腻丝滑。如此看来，汤汁也值得认真对待。煮豆过程中，要随时撇去浮沫。选用大一号的锅子，以防浮沫溢出。

火候是关键。开锅之后，转为煨煮，同时要保证豆子在锅中不断翻腾，不会粘在锅底。只有这样，豆子的口感才会绵软适中；否则，会软烂脱形。

加调料也要掌握好时机。棒骨可以和豆子一起下锅，但是像百里香和墨西哥牛至等香料一定要等浮沫撇清之后才能放入，否则会随浮沫一起被撇掉。豆子煮软之前，不要加任何种类的酸性物质或盐。一开始就加盐的话，虽然不会影响整道菜品，但豆皮会变硬。

当然，纸上谈兵终究不如动手一试，而且要常做常吃。

- 干豆子1杯（225克）
- 水适量

流动水充分冲洗豆子，去除瘪豆和杂质。中号汤锅加冷水，水面高出豆子8厘米。开锅后煮约10分钟，转中火煨煮，锅盖不要盖严。

烹煮过程中随时撇去浮沫，否则汤汁会变得混浊。浮沫撇清后，按喜好加入香料、炒蔬菜等配料。豆子一旦变软，就可以加入西红柿等酸性食材和盐。

煮到豆子快要开花的时候就可以了。出锅前的几分钟，需要随时留意豆子的膨胀程度和散发出的香气，不建议使用定时器。

把豆子泡在汤汁中放凉。煮好的豆子冷藏可以保存5天，冷冻更佳。为保持豆子的最佳风味，需带汤保存。

砂锅阿纳萨齐豆配牧豆玉米面包

来自亚利桑那州塞多纳Elote Café餐厅老板、厨师、《Elote Café食谱》(*The Elote Café Cookbook*) 及《Elote Café笔记》(*The Elote Café Notebook*) 作者杰夫·斯梅德斯塔德 (Jeff Smedstad)

20世纪50年代在阿纳萨齐遗址的一个密封陶罐里发现了大概1500年前的豆子，而且还奇迹般地发芽了。我们这才有幸能够享用到这种美味的传家宝豆。"阿纳萨齐"一词源自纳瓦霍语，指公元前200年至1500年前后生活在今美国西南部的普韦布洛人先祖。

- 牧豆玉米面包
- 超甜玉米面½杯 (110克)
- 中度研磨玉米粉½杯 (110克)
- 面粉6汤匙，牧豆粉2汤匙
- 土豆淀粉½杯 (110克)

- 小苏打2茶匙

- 糖1汤匙

- 盐1茶匙

- 鸡蛋3个

- 白脱牛奶2杯（450毫升）

- 融化的无盐黄油4汤匙，外加热锅用的黄油

把干性食材和液体食材（暂时不放黄油）分别放入两个碗中，搅拌均匀。把两个碗中的食材混合，用手轻轻混合均匀，注意不要过度搅拌。静置1—3小时，待玉米粉充分吸水软化。烤盘涂抹黄油。我用了铸铁饼干模，单独制作小份面包，也可以用20厘米铸铁煎锅。用烤箱或灶预热烤盘，至黄油"滋滋"作响，注意不要加热过度导致黄油烧焦。向盘中倒入面糊，烤出棕色外壳。入烤箱，200℃烤20分钟。

砂锅阿纳萨齐豆

- 水8杯（2升）
- 干阿纳萨齐豆2杯（450克）
- 盐1½茶匙
- 莳萝粉¾茶匙
- 瓜希柳辣椒粉、墨西哥烟椒粉、帕西拉辣椒粉、安丘辣椒粉各¾茶匙
- Hatch牌红辣椒粉1茶匙
- 鼠尾红辣椒6个，切碎
- 大蒜末½茶匙
- 洋葱碎½杯（125克）
- 干牛至1½茶匙
- 玉米油½杯（110毫升）

把所有食材倒入炖锅中，小火煨煮2—3小时，至豆子变软；若有需要，请酌情加水。搭配牧豆玉米面包，趁热享用。

鹰嘴豆泥

来自理学硕士、注册营养师、知名美食作家莎伦·所罗门
（Sharon Solomon）

· 罐头或炖煮鹰嘴豆3½杯（750克）

· 芝麻酱汁⅓杯（50毫升），或按个人口味增加用量

· 大蒜1瓣，或按个人口味增加用量

· 鲜榨柠檬汁½杯（110毫升），或按个人口味增加
  用量

· 莳萝1¾茶匙

· 特级初榨橄榄油

· 盐适量

· 辣椒粉一小撮

· 装饰用红灯笼椒和新鲜欧芹碎，选用

　　首先准备鹰嘴豆。如果使用鹰嘴豆罐头，首先沥
干汁水、冲洗干净；分成小堆放在干净的厨房巾上，裹

住,轻轻滚动,分离豆皮;把豆子浸入水中,待豆皮浮上水面后,撇去。也可以选择不去除豆皮,但去皮是保证鹰嘴豆泥口感细腻的关键步骤。

鹰嘴豆、芝麻酱汁、大蒜、柠檬汁、盐、莳萝、辣椒粉放入料理机,搅拌过程中加入1—2茶匙橄榄油,搅打食材至完全融合或满意的黏稠程度。根据个人喜好,适量添加盐、柠檬汁或大蒜。

用少许鹰嘴豆、橄榄油、红灯笼椒、欧芹碎装饰,装盘上桌。

意面豆汤（4人份）

来自亚利桑那州凤凰城Pa'La餐厅老板、主厨克劳迪奥·乌尔乔利（Claudio Urciuoli）

　　这个菜是我从小就吃惯的。不过，小时候吃的是用意大利坎帕尼亚附近我妈妈家乡产的豆子做的。现在，我用到的是孔特罗内（Controne）出产的豆子、牛至和辣椒，均由我的好朋友、慢食协会认证生产商米凯莱·费兰特（Michele Ferrante）提供。与传统的意大利意面豆汤不同，我的这道菜可以单独享用。孔特罗内豆已被纳入慢食协会"味道方舟"食物名录。

· 什锦意面14盎司（400克）
· 也可以用"狼眼"（occhi di lupo）等短管意面
· 或者长条意面碎段
· 孔特罗内豆7盎司（200克）
· 大蒜2瓣
· 芹菜1—2茎

160

- 特级初榨橄榄油2汤匙
- 孔特罗内出产的辣椒粉和牛至，适量
- 特级初榨橄榄油，适量

　　豆子无须事先浸泡，加入豆量3倍的水炖煮。陶罐明火效果最好。水中加少许大蒜和芹菜提味。煮到豆子软糯时，直接在锅中把约四分之一的豆子捣成泥，保持水分。分两次或三次加入干意面搅拌，吸收剩余的汤汁（类似于烩饭的做法）。所有意面加入后，加入适量牛至和辣椒粉。按需加盐调味。盛入碗中，淋上橄榄油。

油煎意面豆汤

来自亚利桑那州凤凰城Pa'La餐厅老板、主厨克劳迪奥·乌尔乔利

意大利人是最有办法处理剩饭剩菜的民族之一，特别是食物和钱都不充裕的时候，就更需要这样的"魔法"。这道菜是对上个菜谱没吃完部分的再加工，会是很棒的一顿早餐，可以做成不错的三明治，或是理想的小零食。平底煎锅预热，薄刷一层橄榄油，倒入剩意面豆汤，摇匀铺满锅底，静待饼底和饼边焦酥。略微放凉后立刻享用或是稍后再吃均可。可以像煎蛋一样切块吃，也可以夹在两片面包中间，配上芝麻菜和西红柿，做成三明治。

印尼花生酱

我奶奶生前厨艺了得。她是印度尼西亚人，年轻时移民荷兰，在接受荷兰饮食的同时，也传授印尼厨艺。奶奶后来移居美国。她对我的饮食方式影响颇

深；我最终投身饮食界，也是受到奶奶的影响。我小时候，吃的东西都会配上印尼花生酱，哪怕是西兰花这种清蒸蔬菜也不例外。多亏这种味道丰富的酱料早早打开我的味蕾，引导我进入食品界。这个菜谱是奶奶用美国配料做出的改良版印尼花生酱。

· 水1杯（225毫升）
· 牛肉浓汤宝1块
· 花生酱¾—1杯（225克），按个人喜好，柔滑的或有颗粒的均可
· 炸洋葱碎，适量
· 三巴酱，适量

　　水中放浓汤宝煮沸，调小火力，加入花生酱搅拌。加入洋葱碎和三巴酱。可以搭配蒸蔬菜，制作花生酱杂拌沙拉，浇在米饭上，或是作为蘸料。

红芸豆咖喱饭（印度北部）和绿豆糊（印度南部）

来自亚利桑那州坦佩24 Carrots素食餐厅老板、主厨萨莎·拉杰（Sasha Raj）

在印度广阔的国土上，有各种语言和方言，饮食传统丰富多彩。虽然我是地地道道的印度南部婆罗门泰米尔人，但我钟爱的食谱上也有不少印度北部的美食。我有南部印度的灵魂和北部印度的胃，真是左右为难。这两份食谱算是我找到的一种平衡。

红芸豆咖喱饭（印度北部）

在印度每种饮食传统中，似乎都有这道菜品的身影，普普通通，形式各异。这道菜简单易做，用一口锅子就能搞定，如果加上头天的剩菜进去，味道更妙；简直就是我大学期间的口粮。我好朋友的妈妈每次要做这道菜的时候，我都会开车去她家，以学习为借口美餐一顿。

红芸豆2杯（250克），泡在水中过夜，水面高出豆子5厘米。把泡好的豆子放入高压锅，加6杯水（1.75升）；使用Instapot高压锅，高火力30分钟后放气，效果尤佳。

用高压锅煮豆子时还要加入：

- 小茴香2茶匙
- 洋葱碎1杯（250克）
- 芫荽碎¼杯（60克）
- 姜/蒜泥2汤匙
- 西红柿1个，切碎
- 芫荽粉1茶匙
- 红辣椒粉½茶匙（可不加）
- 咖喱香料粉3茶匙
- 红芸豆咖喱香料粉3茶匙*
- 盐1茶匙，按需增加用量
- 柠檬1个，榨汁
- 糖1茶匙

- 水足量，高压锅继续煮20分钟（Instapot高压锅，高火力20分钟）

　　高压锅程序结束后，红芸豆咖喱完成，浇在白米饭上即可享用。现在的我和大学时候的我，祝你用餐愉快！

　　*红芸豆咖喱香料粉一般在印度杂货店就可以买到。如果你愿意像我一样不怕多跑路，也可以自己买香料制作。烘烤、磨碎下列香料：

- 干胡芦巴叶碎1汤匙
- 芫荽籽2汤匙
- 小茴香籽2汤匙
- 豆蔻籽1茶匙
- 干红辣椒4—5个
- 干月桂叶4片
- 丁香½茶匙

- 肉豆蔻衣1茶匙
- 碎肉豆蔻¼茶匙
- 干石榴籽1汤匙

　　然后加入2汤匙姜粉、2汤匙杜果粉，装入密封容器冷藏，可保存数月。绝对值得一试！

绿豆糊（印度南部）

　　这道菜对我来说就是全世界，因为它是妈妈的味道。每逢节庆或是宗教节日，妈妈和奶奶都会做这道绿豆糊。早些年，我沉醉于西式甜点和巧克力，没能领略到看似不起眼的绿豆糊是多么清香可口、营养丰富；好在，妈妈没有放弃，一直做绿豆糊给我吃，现在我终于享受到了其中的美妙。（须知：我妈妈做绿豆糊的时候，配料多少完全靠手感，我只能尽力把妈妈说的"这些就够"量化。所以，参照这个食谱做出来的绿豆糊肯定和我妈妈做的会有出入。）

- 去皮绿豆1杯（225克）

- 棕榈糖1½—2杯（450克）

- 椰浆4—5杯（1—1.25升）

- 盐½茶匙

- 豆蔻粉½茶匙

- 藏红花一小撮

- 椰子油

- 腰果¼杯（60克）

- 葡萄干¼杯（60克）

  绿豆洗净后，加入2杯清水（450毫升）煮软（煮豆过程中根据需要添加清水）；加入棕榈糖，煨煮，搅拌至糖完全融化。轻压煮熟的绿豆至无颗粒的泥状。锅子离火，放置一边。

  椰浆煮沸后略放凉，倒入绿豆泥中；若把热椰浆直接倒入绿豆泥中，会导致棕榈糖结块。若过稠，可再倒入适量椰浆稀释（注意，不能太稀，也不能太稠。

浓度应该适合饮用，不能搞成绿豆酱）。撒入一小撮藏红花、茶匙盐、茶匙豆蔻粉。

　　腰果和葡萄干先加入2汤匙酥油或椰子油烘烤，再撒在绿豆糊上。一碗细腻柔滑的绿豆糊就像妈妈的怀抱，非常治愈。

红豆饭（8人份）

来自亚利桑那州凤凰城Southern Rail和Beckett's Table
餐厅老板、主厨贾斯汀·贝克特（Justin Beckett）

这个食谱是我对美国南方经典红豆饭的改良版本，在凤凰城市中心的Southern Rail餐厅可以品尝到。

- 培根碎1杯（225克）
- 大个黄洋葱1个，切碎
- 猪肉香肠4节，切丁
- 多用途面粉1杯（225克）
- 大蒜2瓣，切片
- 鲜月桂叶2片
- 芹菜2茎，切末
- 绿柿子椒1个，切末
- 威士忌1杯（225毫升）
- 猪肉清汤或骨汤3夸脱（3升）
- 红豆3杯（700克）

- 大个熏猪肘2个
- 猪肉香肠2杯（450克），切半圆片
- Crystal牌辣酱½杯（100克）

在大号汤锅内中火煸炒培根和洋葱，焦化至金棕色。

加入猪肉香肠丁，煸炒约15分钟。加入面粉，不断翻炒至面粉完全吸收培根和香肠析出的油脂。转中低火，翻炒至面粉变为金棕色。加入大蒜、月桂叶、芹菜和柿子椒，继续翻炒5分钟。

倒入威士忌，溶解粘在锅底的面粉。加入肉汤、豆子和猪肘，煨煮至豆子软糯（80—90分钟）。

加入猪肉香肠片和辣酱，撒盐和胡椒调味，离火，放凉。隔夜食用，味道最佳；也可立即上桌，搭配米饭和Crystal牌辣酱。

小花菜豆派

来自亚利桑那州坦佩Cartel Coffee Lab餐厅烹饪主管凯西·霍普金斯（Casey Hopkins）

做豆子派前，一定要把小花菜豆煮透、晾凉、沥干水分。小花菜豆属于耐旱作物，质地紧实，因此要花数小时才能煮透。但是，磨刀不误砍柴工！

酥皮部分，我倾向口味甜一些。甜挞皮和豆子派浓郁的馅料是绝配，玉米粉挞皮也是不错的选择。在家做豆子派的时候，我喜欢用托马斯·凯勒（Thomas Keller）的甜挞皮配方或是美食博客Joy the Baker上的玉米粉酥皮配方。

我通常会配上蔓越莓口味的打发奶油和琥珀玉米粒。我和娜塔莉一起试做这个配方的时候，还尝试了搭配木槿血橙凝乳！只要是质地丝滑或者颜色鲜亮的柑橘风味配料，都和口感顺滑的辛辣豆馅很搭，用酥脆口感来搭配也不错。其实，搭配什么坚果都可以做出微微焦脆、甜丝丝的薄脆口感。

- 小花菜豆1¼杯（230克）

- 淡炼乳1¼杯（300克）

- 砂糖1杯+3汤匙（265克）

- 无盐黄油5汤匙

- 多用途（普通）面粉1汤匙+2½茶匙

- 肉桂粉1¼茶匙

- 肉豆蔻粉½茶匙+⅛茶匙

- 姜粉¾茶匙

- 豆蔻粉½茶匙

- 黑胡椒粉¼茶匙

- 粗盐¼茶匙

- 大个橙子1个，取橙皮

- 大个鸡蛋4个

- 香草酱1汤匙+1茶匙

烤箱预热至180℃。

在炉灶上融化黄油，离火，静置至少10分钟。

用刨刀削下脐橙外皮；如果橙皮量不够，就再削一个。

按配料表用量向橙皮中加入砂糖，摇匀，保证橙皮都沾上糖粒。

把其余配料全部放入金属大碗中，使用搅拌机（也可使用料理机）高速挡2—4分钟，至所有配料混合均匀。豆子有可能无法彻底打成泥，面团中会有小块豆皮，不会影响豆派的质地。烘烤前，馅料在冰箱中冷藏至少1小时。如果需要自己制作饼皮的话，刚好可以利用这段时间烤制。

1小时后，用打蛋器充分搅动馅料，倒入烤好的饼皮中（热饼皮也没有关系，只是会缩短几分钟馅料烤制的时间）。倒入馅料时，注意要低于饼皮边缘约0.5厘米。180℃烤制50—60分钟，至馅料鼓起定型。烤制中途旋转豆派，烤至45分钟时开始随时关注馅料状态。

注　释

1　豆子植物学

1　由于豆科家族过于庞大，目前细分为云实亚科、豆科、含羞草亚科、蝶形花亚科四种。

2　Steve Sando, *The Rancho Gordo Heirloom Bean Grower's Guide: Steve Sando's 50 Favorite Varieties*, Portland, OR, 2011.

3　蒙蒂塞洛庄园已被列入联合国教科文组织《世界遗产名录》，现集博物馆、研究所、非营利组织于一身，对公众开放。见2018年7月16日www.monticello.org网站信息。

2　豆子初长成

1　Linda Civitello, *Cuisine and Culture: A History of*

Food and People, Hoboken, NJ, 2011.

2　Carol R. Ember and Melvin Ember, "Violence in the Ethnographic Record: Results of Cross-cultural Research on War and Aggression", in *Troubled Times: Violence and Warfare in the Past*, ed. Debra L. Martin and David W. Frayer, London, 1997, 1–20.

3　Ken Albala, *Beans: A History*, New York, 2007.

3　豆子文化集

1　保护生物多样性慢食基金会（Slow Food Foundation for Biodiversity）近日已将莫迪卡糯蚕豆列入该组织编纂的濒危食物名录，重新唤起人们对这种蚕豆的认识。见2018年6月15日www.fondazioneslowfood.com网站信息。

2　Joseph Dommers Vehling, *A Bibliography, Critical Review and Translation of the Ancient Book known* as *Apicius de re coquinaria [Apicius: Cookery and Dining in Imperial Rome]*, Chicago, IL, 1936.

3 Alfred W. Crosby, *The Columbus Exchange: Biological and Cultural Consequences of 1492*, Santa Barbara, CA, 2003.

4 相关信息见饮食史学家Michael Twitty在*Rice and Beans: A Unique Dish in a Hundred Places*一书中发表的文章。网站http://afroculinaria.com上收录了Twitty在这方面的更多研究成果。Richard Wilk and Livia Barbosa, *Rice and Beans*, New York, 2012.

5 原文为意大利文，题目L'Inno al Fagiolo。英文版由食物人类学家、*Around the Tuscan Table*作者卡罗莱·库尼汉（Carole Counihan）翻译。Carole M. Counihan, *Around the Tuscan Table: Food, Family, and Gender in Twentieth-century Florence*, New York, 2004.

6 2018年2月27日www.celebrateboston.com网站文章
   "Bean Town Origin"。

7 Jim Dawson, *Who Cut the Cheese? A Cultural
   History of the Fart*, Berkeley, CA, 1999.

8 Sidney W. Mintz and Daniela Schlettwein-
   Gsell, "Food Patterns in Agrarian Societies:
   The 'Core-Fringe-Legume' Hypothesis" A
   Dialogue', *Gastronomica: The Journal of Critical
   Food Studies*, 1/3 (2001), 40–52.

9 Leslie Cross, "Veganism Defined", *The Vegetarian
   World Forum*, 1/5 (1951), 6–7.

10 见2018年6月16日www.vegansociety.com网站
   信息。

11 电视纪录片《美国试验厨房》(America's Test
   Kitchen)中介绍过豆子水的制作方法。见2018
   年12月26日www.americastestkitchen.com网站
   信息。

4 豆子文学说

1 Ken Albala, *Beans: A History*, New York, 2007.

2 Charles W. Eliot, *The Harvard Classics Folk-lore and Fables*, New York, 1909.

3 "泥水"本名麦金利·摩根菲尔德（McKinley Morganfield），美国布鲁斯音乐重要人物。因儿时喜欢在泥泞小溪中玩耍，绰号"泥水"，并以此名为大家熟知。——译者注

4 "长发教授"本名罗伊·伯德（Roy Byrd），美国歌手、钢琴家，以极富特色的钢琴演奏而知名。——译者注

5 豆子美食汇

1 "Feijoada: 'A Short History of an Edible Institution'"，2018年11月13日https://web.archive.org网站文章。

2 "Fagioli native di Tepetlixpa"（Tepetlixpa Native

Beans)，2018年6月15日www.fondazioneslowfood.
com网站文章。

3　由于Native Seeds/SEARCH和Rancho Gordo等保护组织的努力，不少美洲原种豆得以保存，均为豆科菜豆属。

4　Andrew F. Smith, *Eating History*, New York, 2009.

5　Izabela Rutkowski, "Crock Pot Slow Cookers Are a Must for Fast-paced Lives"，2013年9月6日www.consumerreports.org网站文章。

6　"A Look at the Company Behind the Revolutionary Cooking Appliance"，2018年3月24日https://instapot.com网站文章。

7　"路德宗浓汤宝"得名的原因，说法有二。一为历史上的路德宗信徒爱把这样的浓汤添加到焙盘菜里增加黏稠度，故称浓汤为"路德宗浓汤宝"；二为19世纪初，美国中西部的农村主妇发现了蘑菇浓汤的妙用，她们多信仰路德宗，故此种蘑菇浓

汤被称为"路德宗浓汤宝"。——译者注

8　Domenic Priore, "The History of Barney's Beanery", 2018年12月26日https://barneysbeanery. com网站文章。

6　明日之豆

1　Geoffrey J. Leigh, *The World's Greatest Fix: A History of Nitrogen and Agriculture*, Oxford, 2004.

2　Tom Philpott, "A Brief History of Our Deadly Addiction to Nitrogen Fertilizer", 2013年4月19日 www.motherjones.com网站文章。

3　见2018年6月16日https://impossiblefoods.com网站 信息。

4　孟山都公司成立于1901年，最初生产、销售蔗糖替代品——糖精。见"Monsanto History", 2018年6月16日https://monsanto.com网站文章。

5　国际农业生物技术应用服务组织曾出版宣传册，

宣传生物技术/基因改造作物的十大优势。见Clement Dionglay，"Beyond Promises: Top Ten Facts About Biotech/GM Crops in Their First 20 Years, 1996 to 2015"，ed. Rhodora R. Aldemita，2016年6月www.isaaa.org网站信息。

6 Umberto Eco，"Best Invention: How the Bean Saved Civilization"，2019年2月18日www.nytimes.com网站文章。

致　谢

　　首先，衷心感谢我的丈夫克里斯（Chris）；若不是他的鼓励和求知若渴的热情，我可能不会开始这一趟对豆类的探索之旅，又或许无法顺利走到终点。克里斯的编辑技巧无与伦比，他对豆类文学的了解程度也让我惊叹，是我千金难求的无价之宝。

　　我要特别感谢提供了独家食谱的各位。着手写书之初，我就知道可以向一直以来和我并肩工作的饮食界伙伴寻求帮助，他们一定会有超棒的食谱；感谢他们的慷慨分享。感谢米内尔娃分享家常炖豆的经验。谢谢斯梅德斯塔德大厨和我一样对豆子满怀热情，或许比我更甚，谢谢他分享独家食谱。感谢莎伦的慷慨无私，任由我把她原本"全凭手感来"的鹰嘴豆泥食谱改编成在书中呈现的量化配方。由衷感谢克劳迪奥的意面豆汤；他用地道的意大利人的方式（和口音）强烈推荐最好选用山区产的牛至和由米凯莱（Michele）供应的辣椒，但又让大家放心，这个食谱用普通的牛至和辣椒也没问题。查琳（Charleen）虽然忙得不可开交，但还是在百忙之中抽出时间来尝试用Instapot高压锅"解锁"豆子新做法。我终生铭记奶奶对我的引领，虽然她绝对不会用高压锅做任何一道菜，但是却指引我走上了美食之路。谢谢萨莎用印度南、北方两个素食食谱，让我更加了解丰富多彩的印度饮食；而且，两个食谱都是高压锅美食。也要谢谢贾斯汀一直钟情于南方的红豆饭，而且不吝赐教，让我们都能有幸一尝。我和同事都非常感激凯西独创的小花菜豆派。虽然书中呈现的食谱数量有限，但已经可以一窥亚利桑那州餐饮界欣欣向荣的多元化面貌，能够感受到实实在在的心意。

过去几年中，我也从已有研究中学到了很多豆类的知识，让我的研究获益匪浅，我本人也越发喜爱貌似普通的豆类。我有幸是"豆之王者"史蒂夫·桑多创立的"豆子俱乐部"的会员，所以我的食品柜可以"豆满无虞"。肯·阿尔巴拉开创性的豆类史著述是超前之作，他在该领域的研究出类拔萃。加里·纳卜汉对我的工作有全面深远的影响。我写作本书，得益于纳卜汉在豆类和农业领域的研究，尤其是他对美国西南边疆地区的探索。想要"吃得更健康"，应该拜读唐娜·M. 温纳姆博士（Dr Donna M. Winham）的研究成果。温纳姆博士研究广泛，热爱营养丰富的豆类。她的研究把"跑偏的"饮食拉回正轨。如果不是无意间读到了我喜爱的美食学者的著作或文章，我也绝不会有为"食物小史"系列写本小书的想法；比如，悉尼·明茨（Sidney Mintz）、琳达·奇维泰洛（Linda Civitello）、雷伊·坦纳希尔（Reay Tannahill）、艾尔弗雷德·克罗斯比（Alfred Crosby）、安德鲁·F. 史密斯（Andrew F. Smith）都是我的灵感之源。我惊叹于他们对自己钟爱事业的热情，也依然被这样的执着所激励。当然，更要感谢从古至今热爱豆子的人们，特别是玛雅人，感谢你们对豆子一直不离不弃。

最后，特别感谢迈克尔·利曼（Michael Leaman）和安德鲁·F. 史密斯一路走来给我的支持，你们的指导和耐心，无可取代。